区块链技术及其应用

Blockchain Technology and Applications

佩图鲁·拉杰(Pethuru Raj)

[印度]卡维塔·塞尼(Kavita Saini)　　　　著

切拉姆·苏里南(Chellammal Surianarayanan)

刘凌旗　缐珊珊　赵　楠　范华飞　徐若禹　译

国防工业出版社

·北京·

著作权合同登记　图字:01-2024-0318 号

图书在版编目(CIP)数据

区块链技术及其应用/(印)佩图鲁·拉杰(印)
卡维塔·塞尼,(印)切拉姆·苏里南著;刘凌旗等译
. —北京:国防工业出版社,2024.3
书名原文:Blockchain Technology and
Applications
ISBN 978-7-118-13275-5

Ⅰ.①区…　Ⅱ.①佩…②卡…③切…④刘…　Ⅲ.
①区块链技术　Ⅳ.①TP311.135.9

中国国家版本馆 CIP 数据核字(2024)第 065561 号

Blockchain Technology and Applications 1st Edition / by Pethuru Raj, Kavita Saini, Chellammal Suri-
anarayanan / ISBN: 9780367533403

Copyright © 2020 by CRC Press.
Authorized translation from English language edition published by CRC Press, part of Taylor & Francis
Group LLC, All rights reserved. 本书原版由 Taylor & Francis 出版集团旗下, CRC 出版公司出版,
并经其授权翻译出版. 版权所有, 侵权必究。
National Defense Industry Press is authorized to publish and distribute exclusively the Chinese (Simpli-
fied Characters) language edition. This edition is authorized for sale throughout Mainland of China. No
part of the publication may be reproduced or distributed by any means, or stored in a database or re-
trieval system, without the prior written permission of the publisher. 本书中文简体翻译版授权由国
防工业出版社独家出版,并限在中国大陆地区销售。未经出版者书面许可,不得以任何方式复
制或发行本书的任何部分。
Copies of this book sold without a Taylor & Francis sticker on the cover are unauthorized and illegal. 本
书封面贴有 Taylor & Francis 公司防伪标签, 无标签者不得销售。

※

*国防工业出版社*出版发行
(北京市海淀区紫竹院南路 23 号　邮政编码 100048)
三河市天利华印刷装订有限公司印刷
新华书店经售
*
开本 710×1000　1/16　印张 13¼　字数 222 千字
2024 年 3 月第 1 版第 1 次印刷　印数 1—2000 册　定价 98.00 元

(本书如有印装错误,我社负责调换)

国防书店:(010)88540777　　书店传真:(010)88540776
发行业务:(010)88540717　　发行传真:(010)88540762

编　者

Pethuru Raj 是印度信实信息通信有限公司(RJIL)位于班加罗尔的站点可靠性工程部门的首席架构师。他曾在 IBM 印度班加罗尔的全球云卓越中心(CoE)担任过 4 年的云基础架构师。在此之前,他曾在 Wipro 咨询服务(WCS)部门长期担任 TOGAF 认证的企业架构顾问(EA),还在班加罗尔罗伯特·博世(Robert Bosch)的企业研究部门担任首席架构师。总体而言,他拥有超过 17 年的 IT 行业经验和 8 年的研究经验。他在钦奈(Chennai)的安娜大学(Anna University)完成了 CSIR 赞助的博士学位,并继续在位于班加罗尔的印度科学研究所计算机科学与自动化系进行 UGC 赞助的博士后研究,并为研究科学家在日本两所顶尖大学工作 3 年半,获得了 JSPS 和 JST 两项国际研究奖学金。迄今为止,他已在 IEEE、ACM、Springer-Verlag、Inderscience 等同行评审期刊上发表 30 多篇研究论文,为各种技术书籍撰写了 35 个章节,这些书籍由备受赞誉和成就卓著的教授及专业人士编写。

Kavita Saini 目前在印度加尔戈提亚斯大学(Galgotias University)计算科学与工程学院担任副教授。她在巴纳斯塔利(Banasthali)的巴拉蒂·维迪亚佩斯大学(Bharati Vidyapeeth University)获得博士学位,拥有 16 年的教学和研究经验,并在各个领域指导技术硕士和博士研究生。她的研究兴趣包括基于 Web 的教学系统(WBIs)、软件工程、区块链和数据库,她为多所大学的 UG 和 PG 课程出版了各种书籍,包括印度罗塔克(Rohtak)的马哈里希达亚南德大学(M. D. University)和贾朗达尔(Jallandhar)的旁遮普技术大学(Punjab Technical University)。她在国内外期刊和会议上发表了 22 篇研究论文,并公开进行了关于"区块链:新兴技术""Web to Deep Web"和其他新兴领域的技术演讲。

Chellammal Surianarayanan 是印度泰米尔纳德邦(Tamil Nadu)蒂鲁吉拉伯利(Tiruchirappalli)的巴拉迪大学(Bharathidasan University)文理学院的计算机科学助理教授。她获得了物理学硕士、信息技术硕士和计算机科学博士学位,致力于语义 Web 服务的识别和选择,她在《Springer 面向服务的计算和应用》《IEEE 服务计算汇刊》《国际计算科学杂志》《印度科学》和《SCIT 杂志》(信息技术共生中心)等杂志上发表了研究论文。她与 IGI 环球公司和 CRC 出版社合作出版了图书章节,是印度计算机学会、IAENG 等专业团体的终身成员。在从事学术工作之前,她在印度泰米尔纳德邦卡尔帕卡姆(Kalpakkam)的印度政府原子能部英迪拉·甘地原子研究中心担任科学官员,参与了各种基于需求的嵌入式系统和软件应用的研究和开发。她的卓越贡献包括开发用于铅屏蔽完整性评估系统的嵌入式系统、便携式自动空气采样设备、早期检测淋巴丝虫病的嵌入式系统,以及用于大气扩散研究的数据记录软件应用程序。总体而言,她有超过 21 年的学术和工业经验。

撰　稿　人

M. Vivek Anand 是印度北方邦(Uttar Pradesh)大诺伊达市(Greater Noida)加尔戈提亚斯大学计算机科学与工程系的研究学者。他于 2011 年在泰米尔纳德邦(Tamil Nadu)哥印拜陀市(Coimbatore)的安娜大学(Anna University)获得计算机科学专业的工程学士学位,并于 2013 年在泰米尔纳德邦钦奈(Chennai)的安娜大学获得软件工程硕士学位。他有超过 5 年的教学经验。他的研究兴趣是物联网和区块链。

K.P. Arjun 是印度北方邦大诺伊达加尔哥提亚斯大学 CSE 系的研究学者,他于 2016 年在喀拉拉邦(Kerala)卡利卡特大学(University of Calicut)获得了计算机科学与工程硕士学位。他的研究兴趣是大数据分析、云计算、人工智能、机器学习和深度学习,他在各种国内、国际期刊和会议上发表了 5 篇以上的研究论文。他的出版物被 SCI、Scopus、Web of Science、DBLP 和 Google Scholar 收录。

D. Peter Augustine 目前在基督大学计算机科学系担任副教授。他于 1997 年在帕拉亚姆科塔伊(Palayamkottai)的圣泽维尔学院(St. Xavier College)获得了理学学士学位,2000 年在蒂鲁内尔维利(Tirunelveli)的 Manonmaniam Sundaranar 大学获得硕士学位,并在班加罗尔的基督大学完成了博士学位。他拥有 19 年工作经验,其中 3 年在工业领域,16 年在教学领域。研究兴趣包括云计算、医学图像处理和大数据分析。他在 Scopus 索引的国际期刊和会议上发表了论文。

研究方向涉及人工智能、医疗保健和数据挖掘领域的物联网、大数据分析以及人机交互,已经为专注于一些新兴技术(如物联网、数据分析和科学、区块链和数字孪生)的书籍撰写了 10 个章节。

B. Balamurugan 在韦洛尔(Vellore)的 VIT 大学获得博士学位,目前在北方邦大诺伊达的加尔戈提亚斯大学担任教授。他在计算机科学领域拥有 15 年的教学经验。研究兴趣包括物联网、大数据和网络领域,发表了 100 多篇国际期刊论文并撰写了一些书籍章节。

Broto Rauth Bhardwaj 是新德里巴拉蒂·维迪亚佩斯大学的研究和创业发展部主任。她在美国加州大学洛杉矶分校(UCLA)完成博士后论文,拥有德里的印度理工学院(IIT)的博士学位和工商管理硕士学位。作为该学院的金牌得主,拥有超过 16 年的行业和教学经验。她在国内外期刊发表了 100 多篇论文。她培养了 8 位博士生,其中 1 名获奖,2 名已提交论文。她为美国政府组织了管理发展项目、教师发展项目和激励项目,并在美国霍普金斯县学院(Hopkins County College)承担了此类任务。

Rahul Chauhan 目前是印度北方邦加尔戈提亚斯大学计算机科学专业学生,正在攻读数据分析专业,正在 Bdverse 团队开发一种分析生物多样性数据的软件包,其兴趣领域是数据科学和基于语音的应用程序开发。他入选了谷歌 2019 年代码之夏活动,目前是 Alexa 学生影响者。他热爱教学,在印度各地举办了数百场研讨会,目前正致力于创建一个闪亮的仪表板,允许非技术人员使用 R 的功能来使数据集可视化。

Saugata Dutta 在印度泰米尔纳德邦的 Alagappa 大学获得计算机科学学士学位,并在印度旁遮普邦的旁遮普技术大学获得计算机科学硕士学位。他在网络安全和区块链技术领域发表了 4 篇文章,目前在印度大诺伊达的加尔戈提亚斯大学从事区块链技术研究,并在一家 IT 公司担任信息技术部门主任。

N. S. Gowri Ganesh 分别于 1993 年和 2000 年在印度哥印拜陀的巴拉提亚大学(Bharathiar)获得电子与通信工程学士学位、计算机科学与工程硕士学位,并于 2015 年在钦奈的安娜大学获得计算机科学与工程博士学位。

1993 年,他加入不间断电源制造业数字电源系统有限公司,在研发、生产和质量部工作。他曾在 Sybase Inc 担任技术支持(离岸)案例的高级技术支持工程师。2001 年至 2004 年期间,曾在印度钦奈的 Sathyabama 科技学院和印度蒂鲁琴戈德(Tiruchengode)的 RR 工程学院担任讲师。2004 年,他在印度钦奈的 Siva Subramania Nadar 学院担任高级讲师;2006 年加入高级计算发展中心(C-DAC),担任高级工程师。他从事各种开源项目,参与了印度版 Linux 第一个种子版本——BOSS(www. bosslinux.in)的研究。他是钦奈高级计算发展中心 CMMI 3 级项目的 SEPG 负责人。从 2016 年起,他担任印度海德拉巴马拉雷迪工程技术学院信息技术系教授兼系主任。他是印度技术教育协会(ISTE)的终身会员,国际工程师协会(IAENG)和计算机科学教师协会(CSTeachers.org)的成员。他是 Springer 在海得拉巴 Malla Reddy 工程技术学院举办的第一届软计算和信号处理国际会议(ICSCSP 2018)的协调员之一。研究兴趣包括云计算、起源(Provenance)、区块链、物联网和网络服务。

R. Indrakumari 目前在印度北方邦的加尔戈提亚斯大学计算机科学与工程系担任助理教授。她于 2001 年获得印度马杜赖卡马拉吉大学(Madurai Kamaraj)的电子工程学士学位,又在 Tirunelveli 的 Manonmaniam Sundaranar 大学获得计算机科学与信息技术专业硕士学位。她拥有 15 年工作经验,其中 4 年在工业领域,11 年在教学领域,其研究兴趣包括数据挖掘、大数据、数据仓库以及 Tableau 和 QlikView 等工具,她在国际期刊和会议上发表过论文。

Pramod Mathew Jacob 在印度 Thiruvananthapuram 的喀拉拉邦大学(Kerala University)计算机科学与工程专业完成学士学位。他在印度钦奈 SRM 科技学院获得软件工程硕士学位。目前,他在印度喀拉拉邦 Chengannur 的普罗维登斯工程学院担任助理教授,他还在印度韦洛尔的韦洛尔理工学院(Vellore Institute of Technology)攻读博士学位。他具有 6 年教学经验和 3 年研究经验,在各种国际期刊和会议上发表了 10 篇论文,其研究领域包括软件工程、软件测试和物联网。

Vishal Jain 目前在新德里巴拉蒂·维迪亚佩斯大学计算机应用与管理研究所(BVICAM)担任副教授,该研究所隶属于 GGSIPU,并获得 AICTE 认证。他于 2020 年加入新德里 BVICAM,并于 2010 年 8 月至 2017 年 7 月担任助理教授,他获得了印度计算机协会颁发的 2012/2013 年度青年活跃成员奖,其研究领域包括语义网、本体工程、云计算、大数据分析和自组织网络。

Rajesh Kaluri 在印度 VIT 大学完成了计算机视觉博士学位。他在印度海得拉巴(Hyderabad)的 JNTU 获得 CSE 学士学位,并在印度 Guntur 的 ANU 获得 CSE 硕士学位。目前,他在印度 VIT 大学信息技术与工程学院担任助理教授(高级),有 8.5 年教学经验。他于 2015 年和 2016 年在中国广东工业大学担任客座教授,目前研究方向是计算机视觉和人机交互领域,在各种著名的国际期刊上发表了研究论文。

K. Sampath Kumar 是印度 NCR 德里大诺伊达市加尔各提亚斯大学计算科学与工程学院的教授。他在印度钦奈的安娜大学获得了数据挖掘博士学位,于 2005 年在印度金奈的萨蒂亚巴马大学获得了硕士学位。他拥有超过 17 年的教学经验,专长在于大数据、云计算、物联网、人工智能和实时系统,在国际期刊和会议发表了 50 多篇研究论文。

Prasanna Mani 在印度钦奈的安娜大学获得了计算机科学与工程硕士学位和软件工程博士学位。目前,他在印度泰米尔纳德邦韦洛尔的韦洛尔理工学院担任副教授,他拥有近 20 年的教学经验,曾在多所知名学院和大学任教。他在各种国内外期刊发表了近 25 篇论文,对软件测试领域研究学者进行指导,并且是各种国际期刊的著名审稿人。他还撰写了一本关于破解 C 编程面试问题的著作,其研究领域包括软件工程、软件测试、物联网等。

M. R. Manu 目前在阿联酋阿布达比教育部担任计算机科学教师。他曾在印度 NCR 德里的加尔戈提亚斯大学计算科学与工程学院担任助理教授,他在印度泰米尔纳德邦的安娜大学 Taramani 校区获得了计算机科学与工程硕士学位,目前正在印度 NCR 德里的加尔戈提亚斯大学攻读计算机科学与工程博士学位。其研究兴趣领域在于大数据、网络和网络安全。他承担了网络专业的不同研究项目,并在各种国内外期刊发表了 16 篇论文,目前正在与 CRC Press、Springer 和 Elsevier 出版社合作撰写专著和书籍章节。

Namya Musthafa 目前正在印度喀拉拉邦皇家工程技术学院攻读计算机科学与工程硕士学位,于 2017 年在此获得了计算机科学与工程学士学位。她感兴趣的领域是大数据和机器学习,在 Scopus 索引的大约 3 种国际期刊上发表过文章。

C. Navaneethan 目前在印度泰米尔纳德邦的韦洛尔理工学院信息技术与工程学院担任副教授。他于 2004 年 4 月获得计算机科学与工程专业的工程学学士学位,2006 年 7 月获得计算机科学与工程硕士荣誉学位,并于 2017 年在印度钦奈的安娜大学完成了无线传感器网络博士学位。他在许多国内外期刊和会议上发表过论文和公开演讲,其研究领域包括无线传感器网络和网络安全。他是国内和国际会议的研究论文审稿人,也是 ISCA、IAENG、IACSIT 和 CSTA 等专业机构的终身会员。

Pooja Saigal 目前在印度新德里的 Vivekananda 专业研究所(隶属于 GGSIP 大学)信息技术学院担任副教授。她于 2018 年在印度新德里的南亚大学(由 SAARC 建立)获得机器学习博士学位,她拥有计算机应用硕士学位(2004 年)和学士学位(2001 年),是 2004 年 M.C.A.班的大学顶尖生,并因其在该项目的出色表现而被印度前总统 APJ Abdul Kalam 博士授予金质奖章,在 MCA 所有 32 门课程均获得优异成绩。她在本科获得了第一名成绩,受到哈里亚纳邦首席部长的嘉奖,她在研究生和本科生级别的信息技术与计算机科学课程方面拥有超过 16 年的教学经验,成绩斐然。这包括在印度新德里南亚大学 4 年的研究经验,以及在新德里国家信息学中心(NIC)德里秘书处 6 个月的行业经验,其研究兴趣包括人工智能、机器学习、优化和图像处理。她获得了计算机科学领域的 UGC-NET 资格,是 SCI 索引期刊神经计算、神经网络和 IEEE 控制论汇刊等审稿人,在国际知名期刊和会议上发表了研究论文。

T. Poongodi 在印度 NCR 德里的加尔戈提亚斯大学计算科学与工程学院担任副教授。她在印度泰米尔纳德邦的安娜大学获得了信息技术(信息和通信工程)博士学位。主要研究领域为大数据、物联网、自组织网络、网络安全和云计算,她是大数据、无线网络和物联网领域的先驱研究者,在各种国际期刊发表了超过 25 篇论文。她曾在国内外会议上发表文章,在 CRC 出版社、IGI 环球和 Springer 出版书籍章节并编辑书籍。

S. Prasanna 于 2001 年在印度钦奈的马德拉斯大学获得计算机科学与工程学士学位,并于 2006 年在安娜大学获得计算机科学与工程硕士学位。他完成了印度韦洛勒理工学院的哲学博士学位,在知名期刊和会议上发表超过 15 篇论文。他现任韦洛尔理工学院信息技术与工程学院副教授。他感兴趣的领域是数据挖掘、软计算、人工智能和区块链技术。

N. M. Sreenarayanan 是印度北方邦大诺伊达市加尔戈提亚斯大学 CSE 系的研究学者。他于 2016 年在印度喀拉拉邦卡利卡特大学获得计算机科学与工程硕士学位。研究兴趣包括人工智能、机器学习、神经网络和深度学习,在各种国内外期刊和会议上发表了 5 篇以上论文。其出版物被 SCI、Scopus、Web of Science、DBLP 和谷歌学术收录。

T. Subha 目前在印度钦奈的 Sri Sai Ram 工程学院/安娜大学信息技术系担任副教授。她于 2000 年在印度蒂鲁吉拉伯利的 Bharathidasan 大学获得了计算机科学与工程学士学位,于 2009 年在钦奈的 Sathyabama 大学获得信息技术硕士学位,于 2018 年在安娜大学获得博士学位。她拥有 19 年的整体教学经验,研究兴趣包括网络安全、云计算等,在国际期刊和会议上发表了 40 篇论文。

R. Sujatha 于 2017 年在印度韦洛尔理工学院完成了数据挖掘领域的博士学位,2009 年以大学第 9 名的成绩获得印度钦奈安娜大学的计算机科学硕士学位,并于 2005 年获得印度本地治里大学的财务管理硕士学位,2001 年在印度钦奈的马德拉斯大学获得计算机科学学士学位。她有 15 年的教学经验,在印度韦洛尔理工学院信息技术与工程学院担任副教授,组织并参加了许多研讨会和教师发展计划,为学术和行政层面各个委员会做出贡献,积极参与该研究院所的发展。她在大学的研讨会和各种会议上进行技术报告演讲,还在其他教育机构和内部举办的会议中担任顾问、编辑成员和技术委员会成员。她为大学生出版了一本名为《软件项目管理》的著作,在知名期刊上发表过研究文章和论文。她曾指导本科生和研究生的项目,目前指导博士研究生。她有兴趣探索不同的地方,并访问这些地方以了解不同地区的文化和公民。其研究领域包括数据挖掘、机器学习、图像处理和信息系统管理。

R. Viswanathan 是印度北方邦大诺伊达市加尔各提亚斯大学计算科学与工程学院的教授。他于 2016 年获得 VIT 大学计算机科学与工程博士学位,在学术界、研究、教学和学术管理方面拥有 10 多年的工作经验。目前,研究兴趣包括人工智能、机器学习、云计算、物联网和数据挖掘。他指导了超过 5 名研究学者在各个领域攻读博士学位,在各种国内外期刊和会议上撰写 50 多篇研究论文。

Ritika Wason 在印度新德里的巴拉蒂·维迪亚佩斯大学信息技术与管理学院担任副教授。在其学术生涯中,相关研究工作获得了许多奖项和荣誉。作为一名经过认证的 Mendeley(一种参考管理工具)培训师,她已成功举办了许多研讨会,为参与者提供 Mendeley 培训。她还担任其他几项职责,如新德里 Springer 出版的《国际信息技术杂志》(巴拉蒂·维迪亚佩斯计算机应用与管理研究所官方出版物)常驻编辑委员会成员、知名印度计算机协会月刊《CSI 通信》编辑。她拥有近十年的教学经验,一直是活跃的研究人员。她撰写了 4 本关于软件测试和 .Net 技术的书籍,还在国内和国际期刊、会议论文集、公报和编著中发表了许多研究论文和研究章节。作为印度计算机协会和印度技术教育协会(ISTE)终身会员,她还担任国内外期刊的审稿人和多个学术会议的技术委员会成员。自 2019 年 6 月以来担任《CSI 通信》编辑,这是一份基于主题的月度全国性出版物,涵盖当前热议的技术文章以及会议、座谈会和研讨会报告。

目　　录

第 1 章　分布式计算和/或分布式数据库系统

K. P. Arjun, N. M. Sreenarayanan,

K. Sampath Kumar, R. Viswanathan

1.1　引　　言

计算涉及面向过程的多个连续任务,以完成面向目标的计算。这里的目标通常指一个可以用计算机处理的复杂操作,它可能包含一个以上的目标,所以不能将它视为一个简单或单一的目标。一台正常的计算机包含硬件和软件;计算涉及工作站、服务器、客户端和其他中间节点等硬件环境,以及工作站操作系统、服务器操作系统和其他计算软件等软件环境。我们日常生活中的计算包括发送电子邮件、玩游戏或打电话,这些是不同上下文层次的不同类型的计算示例。根据处理速度和大小,计算机分为超级计算机、主机、小型计算机和微型计算机等不同类型。设备的计算能力与其数据存储容量成正比。

所有软件都是按一定流程开发的,在通过开发软件解决一个大问题之前,需要先将其分解为若干个更小的子问题。这种将大问题依次分解或用流程图的处理方法称为算法,由中央处理器(CPU)将主要任务分解成若干小指令并逐一执行,我们可以称为串行计算。总体而言,这种串行通信是对 CPU 以外硬件资源的巨大浪费。CPU 不断地获取指令并进行处理,针对特定硬件的处理仅用于具体的某段时间,其余则为硬件资源的闲置。

因此,为克服串行计算在资源利用方面的不足,提高计算能力,我们进入了并行计算和分布式计算的新时代。分布式计算的本质是在一个以上的计算系统的帮助下,解决更为复杂和更大的计算问题。这些计算问题被分解为多个任务,每个任务在位于不同区域的不同计算系统中执行。

1.2　分布式计算的发展

分布式计算[1]是同时处理多个过程的并行处理,其工作涉及诸多非常重要的概念,如多道程序设计和多任务编程。自 20 世纪 70 年代以来,分布式计算终于被纳入计算机科学与工程的分支。此后举行了分布式计算原理专题学术会（PODC）、国际分布式计算专题学术会（DISC）等诸多国际会议，以及一些国际研讨会如关于图形的分布式算法国际讲习班[2]。

1.2.1　集中式计算

"集中式计算"是指依赖于大型的中心计算机处理能力的计算方法。中央计算服务器包含了较高的计算能力和复杂先进的软件。所有其他计算机都附设于中心位置的机器，并通过终端进行通信。中央机器[3]本身对外围设备进行控制和管理，其中有些外围设备是物理连接的，有些是通过终端连接的。

与其他类型的计算相比，集中式系统的主要优点是更为安全，因为数据处理仅在中心位置的机器上进行。所有被连接的机器都可以使用终端进入集中处理机并开始处理自身任务。如果一个终端下线，用户可以使用另一个终端重新登录。所有与用户有关的文件在该特定用户登录时仍然可用。用户可以恢复会话并完成任务。

集中式计算系统最为重要的缺点是：所有的计算和存储都在位于中央的机器上进行。如果机器发生故障或崩溃，整个系统都会随之崩溃。它影响着对服务不可用性的性能评估。

图 1.1 显示了集中式计算的框图。集中式系统在某种程度上与客户机–服务器编程有关[5]。虽然客户端的计算能力最小，但是在遇到高级计算时，客户端可以向服务器发送请求。服务器计算从客户端收到请求，并将响应发送回客户端。

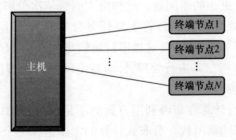

图 1.1　集中式计算

1.2.2　分散计算

在集中式计算中，位于中央的强大系统向所有其他连接的节点提供计算服务。缺点在于所有的处理能力都集中在一个实体，或者中央级的负担可以由网络上连接的节点分担。在分散式计算中[6]，单个服务器不对整个任务负责。整个工作负载被分配给计算节点，使每个节点具有同等的处理能力。

1.3　高性能分布式并行计算

1.3.1　并行计算

在 CPU 中,一个主要任务被划分为若干小指令,再逐个执行这些指令。串行通信的主要问题是造成了硬件和软件资源的大量浪费, CPU 不断接收并处理指令,硬件在没有待处理指令时则保持空闲状态。

为了克服资源利用的不足,提高计算能力,我们进入了另一个称为并行计算的时代[7]。"并行"是指可以同时执行一个以上的指令。它需要配置多个计算引擎(通常称为"处理器")及相关的硬件和软件配置。图 1.2 显示了并行计算的层次。

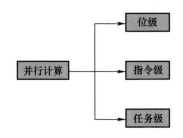

图 1.2　并行计算的层次

1.3.1.1　位级、指令级和任务级

图 1.2 描述了不同层级的并行计算,即位级、指令级和任务级。这是一种复杂的计算,增加了多个既支持硬件也支持软件的处理器。因此,在串行过程中,我们只处理一个指令和处理器,但这些挑战将整个工作切分为较小部分,各自分配给不同的计算机。每台机器相对独立,在其他计算机帮助下开展并行处理。每台机器处理自己的任务,最后作为一个单独单元与其他机器进行合作。叠加了所有执行引擎[8]协调的并行计算是多方面的问题之一,可以利用并行计算将真实世界的场景转换为更方便的格式。

并行计算的主要用途在于解决现实世界的问题,因为更复杂、独立和无关的事件将同时发生,如星系形成、行星运动、气候变化、道路交通、天气等。

快速计算的优点有助于各种高端应用,如快速网络、高速数据传输、分布式系统和多处理器计算[10]等。

1.3.2　分布式计算

分布式计算的实质在于借助多个计算系统来解决更复杂、更宏大的计算问题。

计算问题被切分为诸多任务,每个任务在位于不同区域的计算系统中执行。这些计算系统通过强大的基础网络通信技术进行信息交流。有许多通信机制已被用于强大且安全的通信,如消息传递、RPC 和 HTTP 机制等。

描述分布式计算的另一种方式即完全自主的、物理上存在于不同地理区域并借助计算机网络进行通信的计算引擎。每个引擎都称为一个自主系统,具有自己的硬件和软件,不与其他地区系统共享其硬件或软件。但它们利用消息传递机制不断地进行通信。

分布式计算背后的主要思想在于克服计算的局限性,如较低的处理能力、速度和内存。每台计算机通过单一网络连接。每个计算引擎的职责是完成指定任务,并与网络中连接的对等计算机进行通信。

被连接的节点或计算机具有自己的硬件,包括存储器、处理器和输入输出设备,以及像操作系统和分布式软件这样的软件。

整个通信借助消息传递机制来实现,如图 1.3 所示。

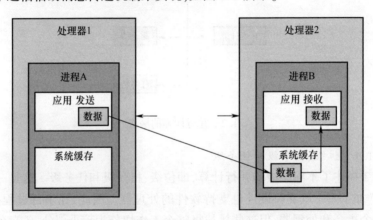

图 1.3　消息传递方法

1.3.3　分布式计算体系结构

1.3.3.1　分布式计算的物理架构

分布式计算存在许多与软硬件层面算法的应用和复杂性相关的体系结构,在高级模型中体现为网络连接 CPU 进程的运行状态的互联。图 1.4 展示了分布式计算的物理架构。

所有分布式计算都采用下面列出的体系结构类型之一。基于计算的基础原理,每种架构类型与其他架构都略有不同。

通常而言,体系结构大致可以分为紧耦合与松耦合两种类型。"紧耦合分布式体系结构"的命名意味着,在该体系结构下,所有节点或机器都通过高度集成的

4

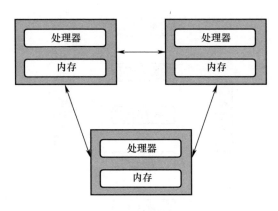

图 1.4 分布式计算的物理框图

网络连接,使所有计算引擎看起来像一台机器一样进行工作。这种架构制造了一种单机的假象,但在后台中,不同的机器通过快速网络连接,而内存通过分布式共享内存(DSM)共享,不使用消息传递技术。分布式共享内存在这个由连接节点组成的基于网络的共享内存体系结构中创建了一个幻觉。实际上,共享内存是一个巨大的挑战,因为我们必须考虑整个网络的流量。相比之下,"松耦合"体系结构的节点仅在一起通信,而不共享任何硬件资源(如内存处理能力)。

架构的其他变体包括客户端-服务器、3 层、N 层和点对点(P2P)。其中,第一种类型即客户端-服务器结构,涉及客户机和服务器之间的正常通信。客户端从服务器请求数据,然后对数据进行格式处理并显示给用户。第二种类型通常用于 Web 应用程序开发,该架构的结果简化了 Web 应用程序的开发。第三类是 N 层架构,也用于企业网络应用程序开发,这种类型架构对创建网络应用程序的软件框架的成功负有高度责任。最后一种类型即对等结构,包括提供服务或管理网络资源的任何特定系统或一个系统。所有工作在所有机器中平均分配,每台机器将履行只为该机器分配的特定责任,即所谓的同等责任。它既是服务器,也是客户端。

1.3.3.2　分布式计算的软件架构

1) 分层架构

分层架构涉及软件组件之间的责任分工,以及在计算机中的不同位置配置组件。分层架构将整个任务划分为不同的层次,每个层次与其他层次进行通信,并为上层和下层提供服务。OSI 模型是一个众所周知的分层架构的例子。每一层与相邻层,无论是上层还是下层,它们之间的通信都是按顺序进行的。因此,通信请求按从下到上的顺序进行,响应按从上到下的顺序进行。图 1.5 显示了分布式计算的分层架构。

该架构的优点是请求和响应按顺序进行,每一层都有其预先确定的功能,因此,在处理请求时不会出现混淆。在不影响整个架构的情况下,可以根据应用程序

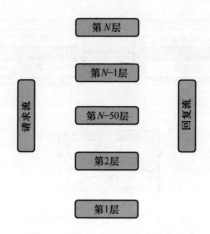

图 1.5　分布式计算的分层架构

轻松地更新或替换每一层。图 1.6 展示了分布式系统的基本架构模式。

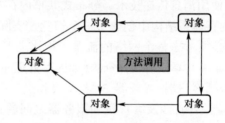

图 1.6　基于对象的分布式计算架构

2）基于对象的架构

这种架构模式用于松散耦合的系统安排。松散耦合系统[12]不能像分层系统那样遵循顺序结构。在该架构中,每个组件都称为对象;系统中的每个对象通过接口与其他对象通信。

对象是数据和方法在单个单元内的合并。通过远程过程调用,通信从系统 A 的一个对象流向系统 B 中的一个对象。这种方法的例子有 CORBA、DCOM、NETRemoting 和 JavaRMI。它是大型软件系统中最重要的体系结构类型之一。

3）基于事件的架构

节点或组件在事件扩散的基础上进行通信。组件通过事件总线连接,事件总线携带来自其他组件的已发布和已订阅事件。该架构的主要优势是解耦空间。该架构不必让通信组件相互明确地相互参照。另一个重要方面是,它被及时耦合,这意味着组件可以同时进行通信。图 1.7 表示基于事件的分布式计算架构。

4）共享数据空间架构

共享数据空间架构也称为以数据为中心的架构,在网络中连接的所有组件之

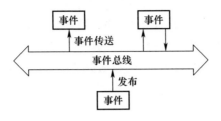

图 1.7   基于事件的分布式计算架构

间共享一个公共存储库。这个公共存储库具有主动和被动两种状态。存储库就像一个数据库,持续存储来自所有节点的信息。共享存储库包含持久性数据,其主要思想在于,被订阅的组件可以相应地发送和接收数据。图 1.8 是分布式计算的共享数据空间架构。

图 1.8   分布式计算的共享数据空间架构

1.4   分布式计算与最新技术的比较

1.4.1   分布式计算与并行计算

在效率和性能方面,分布式计算和并行计算的结果相同,因为两者除了硬件布局不同之外,是相互关联的。在分布式系统中,计算机被放置在不同的位置,并通过网络进行通信。但在并行计算中,所有的计算硬件都被合并成一个装置,计算引擎(处理器)之间共享一个巨大的单个内存。每个计算站都有效利用内存进行同步,每个处理器独立于其他处理器工作。在分布式计算中,每个计算节点都有自己的处理器和内存,就像单个自治计算节点一样。并行计算和分布式计算的优点是通过使用共享内存多处理器和使用并行计算算法进行高性能并行计算[13],而大型分布式系统的协调则使用分布式算法。

1.4.2   分布式数据库系统

在上面我们讨论了分布式计算及其特点。在所有计算方法中,数据都是集中存储,计算以分布式方式进行。分布式数据库管理系统(DDBMS)是位于不同物理位置并通过网络连接的多个数据库的协作。这些分布式数据库是本地链接的,或者是整个数据库系统的一部分。分布式数据库系统被广泛应用于数据仓库。分布式数据库主要用于网络中的数据管理、数据保密和数据完整性。

1.4.3　传统数据库与分布式数据库

数据库系统包括数据的收集、存储、管理以及最后向各种相关应用分发数据。在过去,穿孔卡被用来存储数据。1960 年,查尔斯·巴赫曼(Charles W. Bachman)设计了第一个数据库。接下来,IBM 公司开发了自己的数据库管理系统(DBMS),称为 IMS。同样,许多其他公司也在市场上发布各自的付费和免费软件以及不同类型的数据库管理系统。

传统数据库管理系统和分布式数据库管理系统的不同之处在于,分布式数据库管理系统是传统管理系统的改进版本或更新版本。在数据库管理系统的每个开发过程中,都引入了对用户非常有用的新功能。目前,市场上有许多数据库产品,主要区别是:传统数据库管理系统只使用一台机器和一个软件就可以访问;新的系统是通过分布式计算来解决问题,因为数据库可以在通过网络连接的不同机器中使用。任何设备都能够访问网络软件内的分布式数据库[14]。所有类型的查询都可以从网络中连接的不同机器中生成,分布式数据库系统可以执行查询并返回结果。

1.4.4　分布式计算和区块链

分布式计算方法是驱动区块链机制的基本计算原理之一。通常而言,大家现在都对区块链有了基本概念,即区块链作为一个大型的计算机网络,可以对大量交易行为进行认证和核实。然而,分布式计算的内部机制可以为区块链技术提供更好的基础。通过关注分布式计算技术的工作方案,还能获取更多有用信息。

1.5　区块链分布式计算环境

一般而言,分布式计算方法类似于计算机网络,作为一个单一系统进行整体运作。这些系统可以彼此靠近,并与有线网络一起作为单一局域网的一部分。区块链等其他网络广泛使用着地理上分散的计算机网络。

分布式计算的使用时间远远超过了区块链机制。教育和学术研究领域很早便使用了计算机,需要计算机相互连接,共享存储器和打印机等硬件。20 世纪 70 年代,基于多个系统的第一个局域网建立起来。最早的分布式计算机是局域网,如以太网,这是一组由美国施乐公司(Xerox)开发的网络硬件技术。现在以太网分布十分广泛,几乎每个人都在使用它。每次加入一个新的 Wi-Fi 连接,你都会进入一个新的计算机网络场景。

进入 21 世纪,分布式系统和分布式计算技术的使用对于解决现实世界问题有着至关重要的作用。阶段性的每个问题都与其他问题相连,最后得出适当的解决方案(图 1.9)。

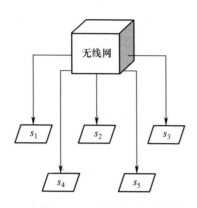

图 1.9　以太网连接

区块链是点对点的网络,它是一种与案例所示略有不同的分布式系统[15]。目前的分布式系统是一组独立的节点,以特定方式与其他节点相连而成,以产生一致共同的结果。这些节点的构造非常严格,对于最终用户而言,这些节点组看似一个定义明确的系统。

通过这些网络,每个系统都可以通过信息和响应与其他系统进行通信。其主要的优点是:每个系统之间的通信提供了同步以及无错误的环境。大多数分布式系统有效地受到同步消息信道的限制。通过对每个节点的分析,可以发现以下情况。

(1) 节点基本上是可编程的、自主的、异步的和无故障的。

(2) 每个节点都有自己的存储器和计算处理器。它们有共享内存,可以同时操作。

(3) 这些节点与其他节点相互连接以提供服务,并共享或存储数据(如区块链)。

(4) 所有节点通过使用消息与他人进行通信。

(5) 分布式系统的每个节点都能向其他节点发送消息,并接收来自其他节点的消息。

1.5.1　分布式计算架构

分布式计算架构主要包括客户端-服务器、点对点架构两种类型。

1.5.1.1 客户端—服务器架构

在客户端—服务器架构中,主要实体是服务器和客户端。

(1)服务器。纯粹负责向客户提供服务的实体;服务器提供存储、数据处理、部署应用程序等服务。

(2)客户端。为了完成本地任务而与服务器通信的实体。它们通常连接至因特网上的服务器(图1.10)。

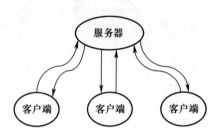

图1.10 客户端—服务器架构

该架构是一个面向服务系统的良好范例。其最大缺点是整个系统依赖于中央单点(服务器)。如果服务器出现故障,整个系统都会停止运作。在该架构中,有不同的分层结构[16],根据特定目的可以在客户端和服务器端添加若干层,以满足系统需求、安全性和复杂性。常用的分层架构类型包括两层和三层架构。每种架构类型都有其自身的特性,为参与者提供最大的安全性。

1.5.1.2 点对点架构

P2P架构是一个相互连接的系统网络,它们能够在其中共享资源和信息。每个连接到网络的系统都称为节点或"对等点"。这类架构可用于区块链技术、运输服务、教育、电子商务、银行和金融等领域。

P2P架构的优点包括以下方面。

(1)便于配置。

(2)易于安装。

(3)所有节点都能与其他节点共享资源,并能与网络中其他节点进行通信。

(4)如果有任何一个节点发生故障,不会影响整个系统。

(5)维持这种架构相对具有成本效益(图1.11)。

区块链技术基于点对点架构的原则,有助于技术变得更强大、更安全和更有效。区块链具有许多工业用途的场景,但最常用于"加密货币"。

在管理区块链内部交易时,一个对等网络是中心化的。所有节点都可以与其他节点进行通信,并在区块链中与其他节点进行交易。所有的对等网络则是分权的,区块链也是一种去中心化的应用程序。这一特点使得区块链技术比其他技术更加安全,很难被黑客破解或侵入。但是最为复杂的部分在于必须单独向每个节

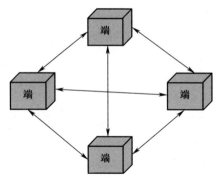

图 1.11 点对点架构

点提供备份和安全性,而且没有中央实体来管理体系结构中的所有节点。

1.6 区块链分布式账本

分布式账本就像一个数据库,在多个节点、地点、机构或地理区域之间进行手动共享和同步。它借助公众的见证来提供交易,使网络攻击变得更加困难。网络中每个节点的对象都可以访问分布式网络中共享的数据,并拥有它们相同的副本。对分类账所做的任何更改都会在一段时间内反映到所有其他节点上。

1.6.1 计算能力和密码技术的突破

任何交易或合同的分布式账本都是以分权的形式在不同地点和人员之间建立的,因此不需要一个单一的中央节点来防止操纵。链上所有数据都使用密码技术进行安全储存。一旦数据/信息被存储,它就成为一个不可改变的数据库,这是网络的基本规则之一。

区块链系统的核心抽象体是分类账的概念,这是意大利文艺复兴时期的一项发明,旨在支持双向记账系统,这是现代加密货币遥远的前身[16]。分类账只是各方之间交易的一个不可修改的、只能新增的记录(图 1.12 和图 1.13)。

分布式分类账的实际应用案例如下。

(1) 政府行政流程。

(2) 机构。

(3) 企业工作。

(4) 护照的签发。

(5) 许可证。

(6) 投票表决程序。

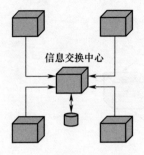

图 1.12 集中式分类账

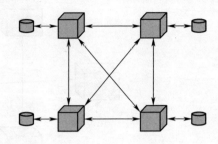

图 1.13 分布式分类账

(7) 金融。

(8) 协议。

(9) 身份证。

虽然分布式分类账技术具有更多的优势,但它还处于早期发展阶段,仍在探索过程中。发展了数百年的分类账的未来方向是分权式的分类账技术。

1.6.2 公有链和私有链

私有(经许可的)区块链系统和公有(无许可的)区块链系统之间的区别,对于理解区块链的情况至关重要。前者的对象拥有可靠且经过授权的身份,只有经过严格审查的各当事方才能参与,而后者的对象无法可靠识别,任何人都可以参与。

私有区块链[17]更适合商业应用,特别是在受监管的金融等行业,往往受到知情客户和反洗钱法规的约束。此外,私有区块链也往往更擅长于治理。现有大多数分布式算法的研究主要侧重于具有可靠身份的系统参与者。

公有区块链更适合比特币[18-19]等应用程序,这种架构确保没有人能决定或控制谁可以参与该场景,并且参与者可能会也可能不急于让个人身份为人所知。每个节点都可以作为独立的工作站和计算系统。

1.7 小 结

随着不同算法机制与计算技术的发展,区块链机制的应用日益增强。许多基于互联网的方法目前都在利用分布式系统和区块链机制的优势。一旦提交,系统中的任何数据将永远安全,这种特性保障了区块链技术在金融和其他相关行业的诸多应用。其中一些领域如下。

VeChain 是一个区块链平台,旨在通过改进产品和流程的跟踪度来加强业务运营。BitGold 是 2005 年的一项提案,类似于比特币的共识系统,并加入了哈希算法。加密货币可以被定义为使用密码技术的数字或虚拟货币。由于这种安全特性,加密货币很难伪造。数字副本是在对等网络上发生的每一笔比特币交易的重复记录。

参 考 文 献

1. Nagasubramanian, Gayathri, Rakesh Kumar Sakthivel, Rizwan Patan, Amir H. Gandomi, Muthuramalingam Sankayya, and Balamurugan Balusamy. "Securing e-health records using keyless signature infrastructure blockchain technology in the cloud." *Neural Computing and Applications* (2018): 1–9.
2. Westerlund, Magnus, and Nane Kratzke. "Towards distributed clouds: a review about the evolution of centralized cloud computing, distributed ledger technologies, and a foresight on unifying opportunities and security implications." In *2018 International Conference on High Performance Computing & Simulation (HPCS)*, pp. 655–663. IEEE, 2018.
3. Archer, Charles J., Michael A. Blocksome, James E. Carey, and Philip J. Sanders. "Administering virtual machines in a distributed computing environment." U.S. Patent 10,255,098, issued April 9, 2019.
4. Meng, Gang. "Stable data-processing in a distributed computing environment." U.S. Patent 10,044,505, issued August 7, 2018.
5. Wong, Wai Ming, and Michael C. Hui. "Method and system for modeling and analyzing computing resource requirements of software applications in a shared and distributed computing environment." U.S. Patent Application 10/216,545, filed February 26, 2019.
6. Cairns, Douglas Allan. "Efficient computations and network communications in a distributed computing environment." U.S. Patent 10,248,476, issued April 2, 2019.
7. Archer, Charles J., Michael A. Blocksome, James E. Carey, and Philip J. Sanders. "Administering virtual machines in a distributed computing environment." U.S. Patent 10,255,098, issued April 9, 2019.
8. Dillenberger, Donna Eng, and Gong Su. "Parallel execution of blockchain transactions." U.S. Patent 10,255,108, issued April 9, 2019.
9. Li, Keqin. "Scheduling parallel tasks with energy and time constraints on multiple manycore processors in a cloud computing environment." *Future Generation Computer Systems* 82 (2018): 591–605.
10. Chen, Zhen, Pei Zhao, Fuyi Li, André Leier, Tatiana T. Marquez-Lago, Yanan Wang, Geoffrey I. Webb et al. "iFeature: a python package and web server for features extraction and selection from protein and peptide sequences." *Bioinformatics* 34, no. 14 (2018): 2499–2502.
11. Wei, Leyi, Shasha Luan, Luis Augusto Eijy Nagai, Ran Su, and Quan Zou. "Exploring sequence-based features for the improved prediction of DNA N4-methylcytosine sites in multiple species." *Bioinformatics* 35, no. 8 (2018): 1326–1333.
12. Salloum, Said A., Mostafa Al-Emran, Azza Abdel Monem, and Khaled Shaalan. "Using text mining techniques for extracting information from research articles."

In *Intelligent Natural Language Processing: Trends and Applications*, pp. 373–397. Springer, Cham, 2018.

13. Shac, Zonyin, and Jeffrey Tsai. "Transform blockchain into distributed parallel computing architecture for precision medicine." In *2018 IEEE 38th International Conference on Distributed Computing Systems (ICDCS)*, pp. 1290–1299. IEEE, 2018.

14. Xiong, Zehui, Yang Zhang, Dusit Niyato, Ping Wang, and Zhu Han. "When mobile blockchain meets edge computing." *IEEE Communications Magazine* 56, no. 8 (2018): 33–39.

15. Puthal, Deepak, Nisha Malik, Saraju P. Mohanty, Elias Kougianos, and Chi Yang. "The blockchain as a decentralized security framework [future directions]." *IEEE Consumer Electronics Magazine* 7, no. 2 (2018): 18–21.

16. Liu, Hong, Yan Zhang, and Tao Yang. "Blockchain-enabled security in electric vehicles cloud and edge computing." *IEEE Network* 32, no. 3 (2018): 78–83.

17. Hughes, Alex, Andrew Park, Jan Kietzmann, and Chris Archer-Brown. "Beyond Bitcoin: what blockchain and distributed ledger technologies mean for firms." *Business Horizons* 62, no. 3 (2019): 273–281.

18. Dr. Kavita. "A future's dominant technology blockchain: digital transformation." In *IEEE International Conference on Computing, Power and Communication Technologies 2018 (GUCON 2018) organized by Galgotias University*, Greater Noida, 28–29 September, 2018.

19. Casado-Vara, Roberto, and Juan Corchado. "Distributed e-health wide-world accounting ledger via blockchain." *Journal of Intelligent & Fuzzy Systems* 36, no. 3 (2019): 2381–2386.

20. Pop, Claudia, Tudor Cioara, Marcel Antal, Ionut Anghel, Ioan Salomie, and Massimo Bertoncini. "Blockchain based decentralized management of demand response programs in smart energy grids." *Sensors* 18, no. 1 (2018): 162.

21. Saugata Dutta, and Dr Kavita. "Evolution of blockchain technology in business applications." *Journal of Emerging Technologies and Innovative Research (JETIR)* 6, no. 9: 240–244, JETIR May 2019.

第2章 区块链构成与概念

M. R. Manu, Namya Musthafa,

B.Balamurugan, Rahul Chauhan

2.1 区块链的演变

区块链自 1991 年开始发展,发端于斯图尔特·哈伯(Stuart Haber)和斯科特·斯托内塔(W. Scott Stornetta)在密码安全方面的工作,这是有关密码安全区块链的第一项成就,没有人可以篡改文档的时间戳。1992 年,该系统升级为默克尔树(Merkle Tree)方法,将所有的任务优化并组合成一个单一任务。2008 年,一位名为中本聪(Satoshi Nakamoto)的人使区块链开始受到关注,他是数字记账技术背后公认的创始人。2009 年,这些新概念和新方法发展演变为区块链机制,用于向数字化的数据利用进行转型。最初,它只是为了支持比特币而开发,使用分布式数据库的分布数据是其核心组件。随着比特币的需求急剧增加,区块链也很快改变了互联网世界。俄罗斯和加拿大两国开始允许以比特币脚本语言的形式进行资金转账。

区块链机制的去中心化本质可以使任何语言被计算机而不是被第三方读取,从而生成智能合约。以太坊项目在高效的交易管理系统中非常有用。通过区块链这种形式进行交易十分安全,产生了不同的数字交易系统,如比特币、加密货币、以太坊,它们每秒可以处理大量的交易。

在 2013 年至 2015 年,区块链发展到以太坊阶段即区块链 2.0 版本,可以提供书籍和合同的记录,有效地开发分布式的应用程序。2018 年,区块链升级到 3.0 版本,支持区块链的杠杆功能。新的区块链应用程序称为 NEO,这是中国首次开发的开源平台。为了进一步升级物联网,公共分布式账本(IOTA)应运而生,可以支持物联网生态系统的数字交易。

2.1.1 区块链架构

区块链为安全的交易管理提供了点对点分布式分类账机制。每个分类账都是一个区块,它与结构中的其他区块相互连接。数据库以分布式方式相互共享,通过一个时间戳服务器来控制数据库,每个区块都与前一个区块的尾部相关联。这个尾部由哈希机制管理以保证其安全性(图2.1和图2.2)。

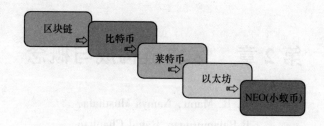

图2.1　区块链的演变

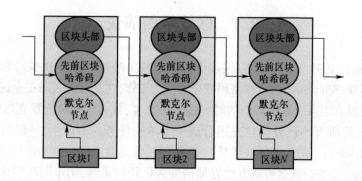

图2.2　区块链的结构

2.1.2　区块链中的区块

区块是区块链的基本单位,是分配给其他货币控制交易的基本数据结构。这些区块包含一个验证区块有效性的块头,以及描述区块的元数据。一个区块的元数据信息如下。

(1)版本字段。描述区块的当前版本。

(2)前一个区块头哈希值。引用前一个区块的父块。

(3)默克尔根。该区块中涉及所有交易的加密哈希。

(4)随机数和数位。重复执行该过程的次数,使其成为一项复杂的任务。

2.2　区块链的类型

加密货币(比特币)的概念将区块链概念引入了聚光灯下;它是一个保护数据不被篡改和分析的数据库。区块链仍然是一项新兴技术,所以我们很难在不了解其代码和细节的情况下理解相关工作原理。区块链是一个全新的、更安全的连接网络。

区块链是数字信息的加密存储库,具有去中心化和分布式的计算机网络模式。因此,它托管在分布式系统网络上,允许通过整个区块链进行安全交易,欺诈活动的可能性很小。区块链允许用户跨越个人来进行资产跟踪。为了适应各种用户,存在以下3种主要类型的区块链。

(1) 公有链。

(2) 私有链。

(3) 联盟链。

注意:联盟链是公有链和私有链的混合,在一定程度上是去中心化的。其共识过程由一组预先选择的节点控制,如金融机构(图2.3)。

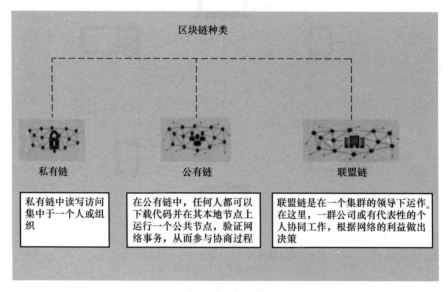

图2.3　区块链的类型

2.2.1　公有链

顾名思义,公有链是公共所有的区块链。区块链没有总体负责节点,任何人都可以参与读取、写入、审计等过程。该类区块链具有开放性和透明性,换言之,任何人都可以在公有链的任何给定实例中查看任何内容。这种思路将提出一个问题,如果没有人负责这里的任何事情,如何就这些类型的区块链做出决策?实际上,它可以通过各种分权的共识机制来实现。以下是一些分权的共识机制的例子。

(1) 工作量证明(PoW)。

(2) 股权证明(PoS)。

使一条公有链真正实现公开,需要注意3个方面即满足如下条件。

（1）操作公有链的代码是公开可用的，任何人都可以下载该代码，并在其本地设备运行公共节点，验证网络中的交易并参与共识过程。这使得任何人都有权参与决定哪些区块被添加到链中，以及区块链的当前形状和大小。

（2）任何人都可以成为网络中交易的一部分。但凡某笔交易有效，就应该被通过。

（3）任何人都可以使用块浏览器访问和读取交易。交易是透明但匿名的（图2.4）。

我们可以从图中看出，任何人都能参与公有链，且无须许可。公有链的例子包括比特币、以太坊、货币和莱特币等。

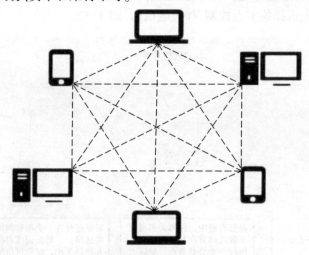

公有链：一个无限制的开放网络系统，
所有设备都能自由访问，无须任何类型的许可，
分类账是共享和透明的

图2.4　公有链

在比特币和莱特币区块链网络中，有以下3种情况。

（1）任何人都可以运行比特币/莱特币全节点并开始挖矿。

（2）任何人都可以在比特币/莱特币的链上进行交易。

（3）任何人都可以在区块链浏览器中审查/审计区块链（表2.1）。

表2.1　公有链、私有链和联盟链

公有链	私有链	联盟链
任何人都可以运行 BTC/LTC 完整节点	不是每个人都能运行完整的节点	选中的联盟成员可以运行一个完整的节点
任何人都可以进行交易	不是每个人都能进行交易	被选中的联盟成员可以进行交易

18

公有链	私有链	联盟链
任何人都可以审查/审计区块链	不是每个人都可以审查/审计区块链	选定的联盟成员可以审查/审计区块链
如比特币、莱特币等	如银行链	如 r3、EWF

公有链的性质导致了两大影响。

(1) 每个人都可以通过减少中介机构的使用来打破现有的商业模式。

(2) 通过使用区块链,我们不必维护服务器或聘请系统管理员。因此,可以将创建和运行去中心化应用程序或去中心化应用(DApps)的成本降至最低。

2.2.2　私有链

私有链是个人或组织的私有所属资产。与公有链不同,私有链存在一个负责监控读/写等重要任务的负责节点,或者有选择地授予访问权限。私有链也称为许可区块链,因为它对谁可以访问以及谁可以参与交易和验证有一定限制,只有先前选择的实体才有权限访问区块链。如何选择这些实体?在构建区块链应用程序时,由各个授权机构完成,并由区块链开发人员给予许可。一个重要的共识是,中央管理人员可以把挖矿权授予任何人,也可以不给。假设需要向新用户授予权限,或撤销现有用户的权限,那么,具体可以由网络管理员进行处理(图 2.5)。

私有链: 有权限的用户在
访问网络之前必须得到区块链的允许
用户只有在收到邀请后才能加入

图 2.5　私有链

私有链主要用于数据库管理和审计等领域,相关使用仅限于一家组织机构内部,因此这些机构不会希望数据向公众开放。他们使用区块链技术,建立可以在内部验证交易的小组和参与者。

然而,私有链可以更好地扩展,更好地遵守政府数据的安全要求和隐私法规。私有链和集中式系统一样存在安全漏洞的风险。因此,它们有一定的安全性优点,也有其他安全性缺点,就像硬币有两面一样。区块链还处于新兴阶段,所以我们仍在推测这项开创性的技术将如何发展和被采用。私有区块链产品主要有 MONAX(译者注:合同生命周期管理平台)和多链(Multichain)。

私有链的重要优势是最小的交易成本和数据冗余,以及更容易的数据处理和更自动化的合规功能。这就是它再次集中的原因,各种权利被行使并授予中央信任的一方,但从公司的角度来看,它是加密的,性价比更高。但这种私人的东西是否可以称为"区块链"仍然存在争议,因为它从根本上违背了比特币引入区块链的全部目的。例如银行链。

在区块链类型中,有以下 3 种情况。

(1) 不是每个人都可以运行一个完整的节点并开始挖掘。

(2) 不是每个人都可以在链上进行交易。

(3) 不是每个人都可以在区块链浏览器中审查/审计区块链。

类似地,正如我们对公有链的观察,在这里我们也可以遇到私有链隐含的本质和特征的一些关键含义。

(1) 减少交易成本和数据冗余。

(2) 简化数据处理和更多自动化合规机制。

2.2.3 联盟链

联盟链就像是公有链和私有链的混合体。在这种区块链类型中,一些节点控制协商过程,一些其他节点可能被允许参与交易。换句话说,当组织准备共享区块链时,可以使用这种类型的区块链,但要限制对区块链的数据访问,并确保公共访问的安全性。也就是说,当区块链被共享时,它具有公有链的特征。

通过不同的节点,限制来自不同节点对区块链的访问,它的行为就像一个私有链。因此,它部分是公共的,部分是私人的。

联盟链由以下两种类型的用户组成。

(1) 控制区块链和决定谁应该有权限访问区块链的用户。

(2) 可以访问区块链的用户。

在这里,不是由一个机构负责,而是由多个机构负责。基本上,你有一组公司或代表个人聚集在一起,为了整个网络的利益做出决定。这样的组也称为联盟,因此命名为联盟链。

例如,假设你有一个由世界前 20 强金融机构组成的财团;你已经在代码中决定,只有当15家以上的机构投票/验证时,进行交易,区块或决策才会被添加到区块链。这是一种更快实现目标的方法,同时也避免拥有多个单点故障的情况,因此,联盟链在某种程度上保护了整个生态系统免受单点故障的影响(图2.6)。例如 r3、EWF。

在这样的区块链中,有以下3种情况。

(1)联盟成员可以运行一个完整的节点并开始挖掘。

(2)联盟成员可以在链上进行交易/决策。

(3)联合体成员可以在区块链浏览器中审查/审计区块链。

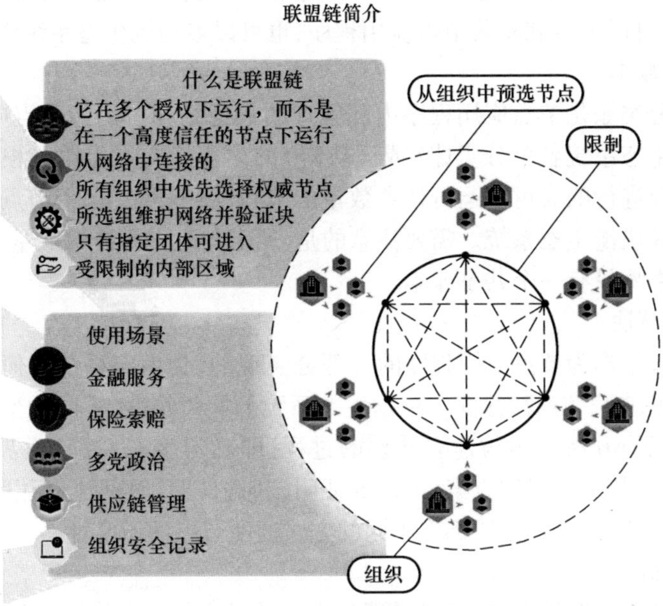

图2.6 联盟链

2.3 区块链的逻辑组成

加密货币是一种建立在区块链基础上的技术,可以让任何使用该软件的人查看共享的分布式防篡改账本。将区块链技术应用于加密货币场景,对于理解区块链技术更为广泛的含义和应用非常重要。区分这两者将有助于理解为什么人们对区块链引发的效应如此兴奋。生物信息学、治理、银行、贸易、社会、政治,甚至互联网本身的结构都适合革新。区块链技术通常会带来万物的去中心化。

要深入理解区块链技术的应用,必须了解区块链生态系统的逻辑组件和每个组件的职责。任何区块链生态系统的4个主要组成部分。

（1）节点应用程序。

（2）共享账本。

（3）共识算法。

（4）虚拟机。

1）节点应用程序

通过互联网相互连接的每台计算机都需要安装并运行一个特定计划下参与的生态系统的计算机应用。以比特币为例,每台计算机都必须运行比特币钱包应用程序。在银行链等一些区块链应用程序中,参与是受限的,需要特殊权限才能加入(称为许可链)。银行链只允许银行运行节点的应用程序。但在比特币生态系统中,任何人都可以下载和安装节点应用程序,也可以参与到生态系统中。

2）共享账本

分布式分类账是节点应用程序内部管理的数据结构。运行节点应用程序后,可以查看该生态系统各个分类账(或区块链)的内容。交互作用是根据其所在生态系统的规则进行的。可以运行任意数量的节点应用程序,每个节点程序都将参与到各自的区块链生态系统。需要注意的是,所参与生态系统的数量并不重要,因为每个生态系统只有一个共享账本。

3）共识算法

共识算法是作为节点应用程序的一部分实现的,为生态系统如何实现分类账的单一视图提供了"游戏规则"。根据生态系统的期望特征,不同的生态系统有不同的达成共识的方法。参与建立共识的过程,即确定生态系统"世界状态"的方法,可以归属于若干不同的方案:工作量证明、利益证明、时间流逝证明;在参与建立共识的过程之前,每种方法都以不同的方式证明节点的诚实性。

4）虚拟机

虚拟机是由计算机程序创建的机器(真实的或虚构的)代表系统,并由语言中包含的指令来操作。它是一个存在于机器内部的抽象体。在某种程度上来说,我们已经习惯于将现实世界物体和实体抽象为计算机中的虚拟对象。例如,应用程序的图形用户界面按钮,当按下屏幕上的按钮时,计算机内部程序的状态就会改变。另一个例子是驾驶执照,因为它备案于政府系统的计算机,是现实世界中驾驶机动车的合法授权的一种抽象,它目前在很大程度上是最重要的,而非局限于现实世界打印的纸质驾照。

2.4 区块链架构核心构件

（1）节点。区块链体系结构中的用户或计算机(每个节点都有整个区块链账本的独立副本)。

（2）交易。作为区块链构建目的的区块链系统（记录、信息等）最小区块。

（3）区块。用于保存一组交易的数据结构，这些交易分布到网络中所有节点。

（4）链。按特定顺序排列的区块序列。

（5）矿工。在向区块链结构添加任何内容之前执行块验证过程的特定节点。

（6）共识（共识协议）。执行区块链操作的一组规则和安排（图2.7）。

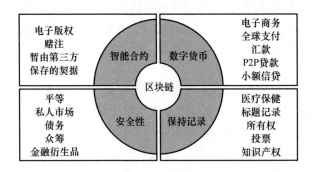

图2.7　区块链应用程序

2.4.1　分类账管理

区块链是比特币等技术背后的底层技术。分布式分类账是必不可少的，因为它是输入其中的所有事件和交易的列表，并且由网络中的每个节点同时保存和持有。每当一个新的事件或交易被添加到分类账，所有内容都要被加密；通过增加分类账，任务变得复杂。账本对网络中的每个人都可见，而且是安全的，因此很难被篡改。增加到这个分类账的每条新信息都被添加为一个"块"。该区块经过数字加密，并根据一系列共识协议被批准添加到分类账中，即批准添加、防止欺诈或重复支出的方法，无须中央节点授权（图2.8）。

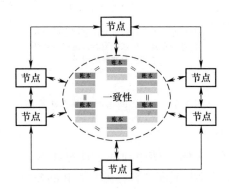

图2.8　共识机制的分类账管理

分布式分类账是一个去中心化的数据库,分布于几个不同的计算机或节点。每个节点都将维护分类账,如果发生任何数据变化,分类账将在每个节点上独立进行同步更新。通过账本和一些计算机代码,用户可以创建"智能合约"。这些是添加入分类账的一系列条款,由计算机代码驱动。当总账条款被满足时,计算机代码便会激活,合同的下一步就被触发。

所有节点在权限上平等,没有中央权威机构或服务器来管理的数据库,从而使技术变得透明。每个节点都可以更新分类账,其他节点也会验证其存在性。分布式账本的这一特性是对金融行业、其他寻求更透明技术的行业以及那些需远离中央权威技术者而言具有吸引力。

通过使用分布式分类账,就不需要集中的权限,成为一个由节点维护的分类账或合同网络。能够合并成块的节点使得维护更大的分布式网络账本更加容易,即使没有中央权威节点,所有信息都是安全的。为了实现分布式网络,需要使用加密等技术为数据分配加密签名和密钥。存储于分布式分类账的任何内容都不可变,不变性使黑客更难攻击像比特币这样的分布式分类账网络。此外,中央节点的缺乏也意味着不受任何故意篡改行为的影响(图2.9)。

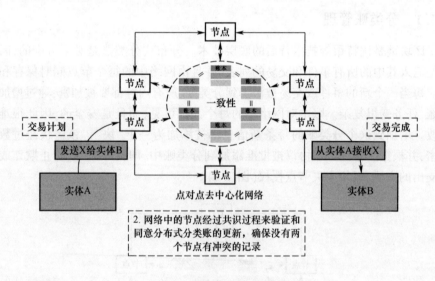

图2.9 分布式网络中的分类账管理

主要涉及3个步骤。

(1)为了发起支付,实体A使用加密工具对共享分类账的更新进行数字签名,以便将分类账上的资金从其账户转移到实体B的账户。

(2)在收到传输请求后,其他节点验证实体A的身份,并通过检查确保实体A具备必要的加密凭证来更新相关记录以验证交易。除其他事项外,验证将包括证

24

明实体 A 有足够的资金进行支付。节点还参与协商过程,以商定在下一次更新分类账状态时应包括的付款。

(3)交易更新被节点接受后,资产的属性将被修改,因此,所有关于资产的未来交易必须使用实体 B 的加密凭证启动。

2.5　智能合约及其运行

智能合约是将包含条款和条件的协议翻译成计算代码(脚本)。开发人员用 Java、C++等编程语言编写脚本,这样就不会产生歧义,也不需要解释。它是一种涉及数字资产和两方或更多方的机制。在这里,一些当事人或所有当事人将资产存入智能合约,资产根据基于特定数据的公式在各方之间重新自动分配,而在初始化合约时这是未知的。

智能合约是一组上传和存储的代码,用于检查合约的有效性并包含一组规则,共享智能合约的各方根据这些规则而同意彼此交互。当满足先前确定和定义的条款与条件时,它将自动执行。智能合约代码促进、验证并强制推进协议或交易的执行。这是去中心自动化的最简单形式。

智能合约在分布式区块链中定义和执行,而且每笔交易与合同的执行都应该在区块链上开展。启动智能合约的执行包括以下几个步骤。

(1)在编码过程中,区块链开发人员使用编程语言以脚本形式编写智能合约,并实现合约背后的逻辑,以便当在发生给定操作或交易时,脚本能够执行以下步骤。

(2)一旦合同编码完成,脚本就被发送到区块链上。代码的执行通过分布式网络完成。通常,那些已经可用于计算的机器能够执行契约,而且无论在哪里执行合约,针对相同输入所执行的输出都应该相同。

(3)可以对多个条件进行编码,最终的智能合约用户可以选择其合约所需条件。

合约的执行以对等方式进行,相对类似于去中心化。连接到互联网的简单用户可以充当客户端,因而,他们必须在计算机上安装客户端。我们将这一原理称为挖矿,将用于运行程序的计算机称为节点。

智能合约与传统合约的主要区别在于前者不依赖于第三方,通过加密代码强制执行它。在初始阶段,这些程序根据开发人员设置的方式来运行。例如,在一个自动售货机中,我们可以考虑机械地实现智能合约。它验证了以下特征。

(1)无第三方参与交易。

(2)当一枚硬币插入机器,选择好一件产品时,只要符合条件,它会直接向我们销售产品。这里的条件是:硬币具有与计划购买的产品相同或更高的价值。

下面介绍智能合约的好处。

区块链带来智能合约的特点包括以下方面。

（1）速度和准确性。智能合约是数字化和自动化的，因而不必花费时间处理文书工作，或核对和纠正通常手写文件的错误。计算机代码也比传统合同中使用的法律术语更加精确。

（2）信任。智能合约根据预先确定的规则自动执行交易，这些交易的加密记录在参与者之间实现共享。因此，没有人质疑信息是否为了个人利益而被篡改。

（3）安全性。区块链的交易记录是加密的，这使得它们很难被黑客攻击。由于每个单独的记录都与分布式分类账上先前和后续的记录相关联，因而，需要更改整个链才能改变单个记录。

（4）节约成本。智能合约消除了对中介的需求，因为参与者可以足够信任可见的数据和技术来正确执行交易。不需要额外人员来验证与核实协议的条款，它已内置于代码中。

优点如下。

（1）通过去除中间节点，成本降至最低。

（2）减少合同执行时间，每个操作都根据编码规则自动执行。

（3）自动流程。启用合同不涉及第三方。

（4）通过消除中间节点，汇款的成本可以降低。

（5）使用透明系统，任何人都可以访问区块链。

（6）保护数据和交易免受欺诈。它不可能改变或更新区块链内部的数据，仍然保持一个连贯的链。

（7）去中心化可以防止系统崩溃，这种情况多出现于集中系统宕机。

2.6 智能合约的应用

智能合约还允许在两个匿名方之间进行更复杂的交易，而不需要中央权威机构、执行系统或法律指导。这意味着智能合约可以通过编程实现各种各样的操作，用来支持世界各地新开发的应用程序，以解决现实世界中的许多问题。

举一个内容表达方面的例子，智能合约允许记者和内容创作者控制与管理其数字权利。他们可以在开放的市场上有偿提供内容，或者与客户签订协议，并在工作完成后获得报酬，不需要委托服务、律师或代理机构。

可以想象，有很多行业可以从这种技术中受益，例如：

（1）知识产权；

（2）法律行业（合同、谈判等）；

（3）航运物流；

（4）金融/银行；

（5）房地产。

2.6.1　金融服务与保险

欺诈行为是保险业经常面临的重要挑战之一。保险公司要克服这一问题,就需要有管理团队来调查索赔并确保索赔的有效性。智能合约约束了该挑战的影响,因为保险人和被保险人都可以通过协议显示彼此之间的关系,而无须使用公证人、律师或其他中介机构。节约的成本最终会传递给终端消费者。虽然未能从本质上防止欺诈,但有助于减少在法庭上进行无谓辩论。区块链作为一个公共账本和记录系统,再加上智能合约的优势,将使欺诈行为更容易露出马脚。

2.6.2　抵押贷款交易

智能合约的另一个重要应用是在抵押贷款行业。区块链技术可以让买家和卖家在无摩擦、无争议过程中自动连接在一起。构建一个约束所有条款和条件的智能合约,能够省去对律师、房地产经纪人和其他专业人士的需求。这为交易双方节省了时间和资金,同时也最大限度地减少了人工操作可能产生的任何潜在错误或成本。

2.6.3　供应链透明度

跟踪在世界各地移动的包裹是一项困难的任务,但智能合约可以简化该工作。从产品离开工厂到抵达商店货架的那一刻,这项技术的透明性可以使整个过程更加简单;它清楚地显示了每个快件包的确切位置以及供应链中潜在错误发生的位置。例如,在货物受污染的情况下,管理人员将能准确地看到每件产品的来源,并隔离受污染的货物,而不会扔掉整批物品。这不仅能帮助企业节省成本,还能让买家更加安全。

2.6.4　医学研究

随着医疗领域研究人员进行临床试验和研究癌症等疾病的潜在疗法,智能合约可以促进不同机构之间自由公开地有效共享数据。数据能够实现自由交换,而不会损害患者和受试者的个人隐私与数据安全。智能合约由各种 if-then 编程语句组成,这些场景在这个特定的用例中运行良好。

2.6.5　数字身份与记录管理

在当前这个时代,大型技术公司开始从挖掘我们的数据和信息中获利,但未来随着智能合约的使用,这种情况可能会发生巨大变化。个人可以拥有并控制自己的数字身份,包括密码、数据、数字资产、记录和其他详细信息,完全不同于我们目前的情况。在现有情况下,许多不同的机构、组织和团体都有各自的信息副本,成为一个显著的安全风险。取而代之的是,所有这些信息都可以通过智能合约来整合并归个人所有,个人可以选择与谁共享合约信息。

2.6.5.1 对等网络和成员管理

区块链网络是一种运行去中心化区块链框架的点对点网络。众所周知,一个网络包括一个或多个成员,他们在网络中具有唯一的身份。例如,成员可以是银行联合体中的个人或组织,每个成员运转一个或多个区块链对等节点,以运行链代码、签署认可交易并存储分类账的本地副本。

以亚马逊管理(Amazon Managed)区块链为例,它为网络中的每个成员创建和管理这些组件,并创建由网络中所有成员共享的组件,如通过超级账本结构(Hyperledger Fabric)订购服务和通用网络配置。用户可根据自身意愿和需求选择不同版本的亚马逊管理区块链,版本决定了网络的容量和功能。

创建者还必须创立第一个托管的区块链网络成员,通过提案和投票程序增加其他成员。创建网络不需要付费,但每个成员需要为他们的网络成员资格按小时付费(每秒计费),网络费用情况取决于网络的版本。每个成员还将为对等节点、对等节点存储以及成员写入网络的数据量进行付费。

只要有成员参与,区块链网络就会保持活跃,只有当最后一个成员从网络中自我删除时,该网络才会被完全清除。任何成员或亚马逊云服务账户,即使是创建者的亚马逊账户,都不能删除网络,直到他们成为最后一个成员并删除自身。

2.6.5.2 邀请和移除对等网络中的成员

最初,一个亚马逊云服务账户创建一个受管理的区块链网络,但该网络不属于任何亚马逊云服务账户所有。因此,托管区块链网络是去中心化的。为了改变网络的配置,应由某个成员提出建议,网络中的所有其他成员对其进行投票。如果另一个亚马逊云服务账户希望加入该网络,则现有成员将创建一个邀请该账户的提议,其他成员可以对该提议投赞成票或反对票。如果提案多数赞成而获得批准,会向亚马逊云服务账户发送邀请,然后该账户接受邀请并创建一个成员加入网络。同样,当需要删除一个亚马逊云服务账户中的成员时,则应提交关于删除的建议。拥有足够权限的亚马逊云服务账户中的主体可以在任何时候直接删除该账户拥有的成员,而无须提交投票提案。

网络的投票策略是由网络创建者在建立网络时定义的。这种投票政策决定了基本规则,如通过提案所需的投票百分比,以及投票截止的时间等。该情况适用于在网络上投票的所有提案。

每当一个新成员加入网络,他们必须做的第一件事就是在成员中创建至少一个对等节点。区块链网络包含一个分布式的、加密安全的分类账,它维护了网络中不可篡改的交易历史。每个对等节点以分布式方式存储总账的本地副本。每个对等节点还保存它们所参与的通道的网络全局状态,该状态随着网络中执行每个新交易行为而更新。对等节点还彼此交互以创建和认可网络上提出的交易。基于他们的业务逻辑和正在使用的区块链框架,成员可以在背书中定义规则。通过这种方式,每个成员都可以独立地验证交易历史,而不需要集中的授权。

2.7　区块链的应用与实现

到目前为止,我们已掌握区块链的工作原理。区块链创建了一个安全、防篡改、易于访问的交易分类账。与互联网一样,区块链没有中央节点,而是通过庞大的用户网络共享交易信息。它由一系列数据块组成,每个数据块皆包含数据、当前区块的哈希代码和前一个区块的哈希值。如果任何一个区块上的数据发生更改,则其哈希值也会变化,因而下一个区块不再指向前一个块。

区块链包含 6 个基本步骤,每个步骤代表区块链的不同方面。

(1) 定义某种类型的交易。交易可以是文字交易,如用户计划向另一个用户汇款;也可以不是文本交易,如用户试图传递安全令牌以进行标识。

(2) 该交易被编码为一个块,继而被添加到网络中进行处理。

(3) 将块呈现给所有分布式成员,并在它们之间进行完整性比较,在某些情况下还将与以前的分类账记录进行比较,从而权威地证明它是否有效。

(4) 区块链内部的成员要么否认,要么批准块本身。

(5) 区块要么被拒绝,要么被批准;如果被批准,该区块会被添加到记录链中。

(6) 交易行为被批准,并执行该交易。在金融交易中,资金易手;在这种情况下,它就像一个令牌;随后,生成的令牌由网络进行验证,并在整个网络中受节点信任。

由于这些特性,区块链拥有大量的应用程序。下面将讨论区块链的一些重要应用。

2.7.1　区块链金融科技

区块链对于金融行业而言并非一个很新的概念,但当中本聪(Satoshi Nakamoto)将区块链概念用于他称为比特币的构思时,区块链逐渐开始众所周知。比特币是区块链在金融领域应用的完美案例。毫无疑问,区块链概念晚于比特币获得社会认可和接收。当比特币开始广为人知时,许多其他数字货币也进入了经济市场。由于这些货币使用了诸如哈希 256 算法等加密函数,因而往往被称为加密货币。

单个加密货币块代码形态的例子如下:

```
1   block = {
2       'index': 1,
3       'timestamp': 1506057125.900785,
4       'transactions': [
5           {
6               'sender': "8527147fe1f5426f9dd545de4b27ee00",
7               'recipient': "a77f5cdfa2934df3954a5c7c7da5df1f",
8               'amount': 5,
9           }
10      ],
11      'proof': 324984774000,
12      'previous_hash': "2cf24dba5fb0a30e26e83b2ac5b9e29e1b161e5c1fa7425e73043362938b9824"
13  }
```

区块链是验证交易的一种非常有效和可靠的方法,几乎不太可能在比特币这样的加密货币中伪造交易行为。如果要试图进行伪造,则必须在区块链的每个副本修改链上所有区块。区块链技术还使用了工作量证明的概念。用户必须应对大量处理能力需求的问题,只有先解决这个问题的用户才被允许在区块链中添加一个新的区块。该技术为全球金融市场节省的成本和劳动力非比寻常,以至于许多著名的主要金融机构已经开始投入数百万资源,研究如何最好地利用它。

2.7.2　区块链赋能金融及银行业

区块链有潜力完全改变我们今天正在使用的金融服务。区块链在金融行业可以促成改变的一些主要方向包括多个领域。

2.7.2.1　欺诈检测

区块链被认可的范围越来越广,因为它能够以一种普通银行系统无法实现的方式来处理欺诈检测。现在大部分的银行系统都是集中式的,通过一个服务器保存所有的金融交易记录。然而,这些系统很容易受到网络攻击,如果黑客入侵系统,则完全可以获得充分权限进行欺诈操作。区块链本质上是一个分布式账本,链上每个区块都包含一个时间戳,并保存一些单个交易的批处理,这些记录还包括前一个区块哈希值的链接指向。据悉,这项技术有能力消除目前针对社会金融机构的一些网络犯罪。

2.7.2.2　了解客户(KYC)

根据汤姆森路透公司(Thomson Reuters)的调查数据,金融机构在了解客户信息和尽职调查法规方面的开支大概在 6000 万~5 亿美元。区块链技术有助于实现特定组织信息在其他公司之间的交流与联系,从而允许一个客户的自主确认,因而不必重新开始启动客户信息了解的流程。

2.7.2.3　数字支付

区块链技术可能会给金融支付过程带来巨大变革。区块链将为诸如银行等组织机构提供更高的安全性和更低的业务成本,以期处理一些企业与买方客户至银行之间的支付行为。在当前的现实情况下,支付处理系统行业往往存在大量的中介机构,但通过区块链技术的使用则会减少对一些中介机构的需求。

2.7.3　金融区块链应用存在的问题

区块链技术应用为改善我们的金融服务提供了大量机会,但在实施之前,需要先清除一些障碍。

金融机构对区块链的使用将要遵守目前和未来的隐私法,并需要确保数据的安全性。关于针对这项新技术的监督和管理,还有许多问题尚待解决。在金融领域中使用任何区块链的案例,都需要处理非常大的数据集,因此其可伸缩性异常重要。

2.8　在线投票中的区块链安全

区块链技术的另一个应用是电子投票系统。众所周知,公平选举和投票对西方主流国家而言较为重要,篡改选票是一种严重的犯罪行为。有很多工具可以保证选举的公平性,如电子投票机(EVM),但网络黑客已经证明它们是脆弱的。世界先进科学技术高速进步,电子投票机等传统技术不再能够为选票真实性提供100%的保障。因此,区块链成为一种十分重要的防篡改手段,数据一旦被写入链上,便不容易强行更改。区块链的这个特性使得它非常适合运用在投票领域。通过将投票作为交易行为,我们可以创建一套区块链系统来记录投票的结果。通过这种方式,每个人都可以自己计票,就最终计票结果达成一致,而且由于区块链可审计跟踪的属性,能够验证任何投票记录是否被更改或删除,也可确保没有添加非法投票。据币科技(Cointelegraph)9月27日报道,类似基于区块链技术的移动投票系统已经计划在美国西弗吉尼亚州的中期选举活动中采用。在11月初的选举之后,该州国务卿指出,来自24个县的144名驻海外军事人员能够在一个名为Voatz的移动区块链平台上成功进行投票。早在5月,币科技公司发布了一份区块链技术在选举中潜在用途的分析报告。

目前,世界上有几个国家已经宣布考虑使用基于区块链的投票系统,如乌克兰、加泰罗尼亚和日本的筑波市。币科技6月9日写道,早在6月,瑞士城市楚格(Zug,通常称为"加密谷")进行了一场由区块链技术支持的市政投票试验。

区块链系统不仅比传统投票系统具有更高的安全性,而且还为在线投票或电子投票敞开了大门。众所周知,区块链具备了难以篡改的属性;已经有一些研究正在开展,相关人员试图完善电子投票系统。

2.8.1　电子投票区块链应用的挑战

这一领域的挑战不在于安全问题,或改变当前系统所需的资金问题。旧系统仍在使用的主要原因是:一个有弹性和包容性的投票系统应该是公民或社区群体所能够接受和理解的事物,如果失败了,可以用笔和纸来取代,因为并不是每个人都在互联网上。许多人仍然很难通过电子投票机(EVM)投票,而且这些技术对像印度这样的发展中国家的许多人而言仍然是较新的技术。针对如此敏感的议题,技术系统必须保持向后兼容的能力,并具有现实条件下的后备选项。

2.8.1.1　基于区块链的认证

区块链还可以用于创建可信证书或验证证书的真实性。伪造证书行为是一个长期存在的现象,麻省理工学院媒体实验室发布了解决该问题的区块认证(Block-certs)项目,主要通过将本地文件的哈希值合并到区块链中来实现。尽管目前才创立了这一种保护真实可信的凭证认证和声誉的有效技术方法,但仍然存在许多问题。

在区块认证技术的基础上,研究人员提出了一系列加密解决方案来应对上述存在问题,包括采用多重签名机制来改进证书的身份验证、基于安全吊销机制来提高向认证机构发起证书吊销动作的可靠性、建立一种安全的联合识别证明来确认发行机构的身份。

2.8.1.2　工作见解

当用户提交文档时,区块链技术将文档转换或编码为加密摘要或加密哈希值。中本聪关于比特币的白皮书中提出了一个创世区块的哈希值:

b1674191a88ec5cdd733e4240a81803105dc412d6c6708d53ab94fc248f4f553

多次提交同一文档进行验证,每次都会得到匹配的哈希值和交易行为标记。如果文档包含任何更改,标记将无法匹配。用户还将有权允许或不允许所述组织或个人查看该份文件。

2.8.1.3　区块链校验文档

目前,有多种方法可以验证区块链上的文档是否真实存在,其中最简单的途径是重新上传文档以验证其存在性。在重新上传文档时,将对其存在的凭据进行验证,因为加密摘要和交易行为的标记也会被验证。另一种方法是检查比特币区块链的交易记录,以验证时间戳文件的存在性。返回到原始时间戳文档的验证页面,也可以检验和证明带有时间戳的文件是否存在。这将有助于银行、教育机构和医疗保健行业以更少的时间、成本和精力来验证文档。

2.9　区块链代码搭建

在启动构建之前,可以明确区块链是一个不可变的顺序记录链,通常称为区块。它们包含交易、文件或您需要的任何数据,值得特别关注的是其通过哈希值链接在一起。构建区块链并不需要大量计算机知识,任何具有基本编程储备的开发人员都可以创建自己的区块链。

2.9.1　哈希的生成

到目前为止,您可能知道区块链中的每个区块都包含一个特定哈希值,如果有人试图更改页面中的单项内容,对应的哈希值就会发生变化。每个区块还包含前一个区块和下一个区块的哈希值,因而,如果试图改变任何值,必须先更改区块链上每个区块的哈希值。哈希值成为使区块链变得唯一的核心要素。

在开始构建区块链之前,我们需要了解密码学中哈希值的基本知识。

哈希值使用数学函数从文本字符串中生成一个或多个值。简单而言,它意味着,将一个可变大小的字符串转换为固定长度的输出。类似比特币的加密货币使用了安全哈希算法 256,也称为 SHA-256。

就哈希具体工作过程而言,需要输入一些特定信息,这个练习将使用下面的SHA-256。

如截图所示,哈希可以接受任何长度的输入,并生成固定的输出(在 SHA-256中是 256 位输出)。值得注意的是,特定的字符串总是生成相同的哈希值输出。这种哈希值方法也用于存储密码;企业机构不是将用户的密码存储在数据库中,而是存储了密码的哈希值,每当用户输入密码时,它们会将用户输入文本生成的哈希

Data

Hello World!

SHA-256 hash

7f83b1657ff1fc53b92dc18148a1d65dfc2d4b1fa3d677284addd200126d9069

33

值与存储在数据库中的哈希值进行比较；如果两个哈希值匹配，用户才能成功登录。

关于哈希值的另一个重要问题在于它是一个单向函数。换言之，如果任何人拥有字符串的哈希键，也不可能从其哈希值生成该字符串。

2.9.2　用 Python 创建哈希函数

在 Python 语言中创建哈希函数的步骤包括以下方面。假设已经知道如何在系统上安装和使用 Python。首先，在系统上打开 Python，具体通过进入终端并输入 Python 来实现这一点。该命令将把显示 Python 交互式解释器（REPL），在这个环境中可以直接尝试 Python 命令，而不是在单独的文件中编写程序。然后，输入以下内容，不要忽视这个标签。

```
import hashlib
def
hash(mystring):
    hash_object = hashlib.md5(mystring.encode())
    print(hash_object.hexdigest())
```

现在已经创建了一个函数 hash( )，它将使用 MD5 哈希值算法计算并输出给定字符串的哈希值。如果要运行它，请在圆括号中的引号之间放置一个字符串，例如：

```
hash("AnyString")
```

然后，按 ENTER 查看该字符串的哈希摘要。

接下来将会看到，对同一个字符串调用哈希函数将始终生成相同的哈希，但添加或更改一个字符将生成一个完全不同的哈希值：

```
hash("AnyString")= >
7ae26e64679abd1e66cfe1e9b93a9e85 hash("AnyString!")
= > 6b1f6fde5ae60b2fe1bfe50677434c88
```

在比特币协议中，哈希函数是哈希算法的主要部分，该算法用于通过挖掘过程将新的交易行为写入区块链。

2.10　区块链编程接口创建

区块链最大优势之一在于它完全由信任的概念驱动。区块链上每个交互行为都信任并验证交易，同时依赖于所有节点的共识以跟踪哪些活动是不可追溯的去中心化行为。应用程序编程接口（API）社区同样受到信任这一关键概念的驱

34

动——这就解释了区块链作为 API 堆栈中一个令人惊叹的连通性元素。

2.10.1　何为编程接口

API 全称为应用程序编程接口,是软件之间交换功能的一种方式。编程接口可以理解为一个软件中介,允许两个应用程序相互通信对话(图 2.10)。

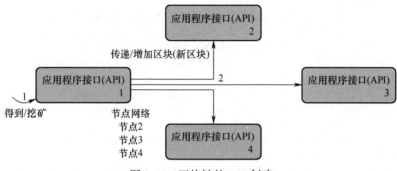

图 2.10　区块链的 API 创建

2.10.2　在网站中集成区块链编程接口

互联网上有数百种不同的编程接口,为软件开发工作提供了巨大的功能。在以下指南中,我们将考虑一个用于设置区块链编程接口的最简单的应用程序。一个编程接口允许网站接受比特币支付。该过程依赖于区块链的收款 API V2 (Receive Payments API V2)生成新的未使用的地址,接收特定扩展公钥(xPub)的支付。

(1)首先要请求 API 密钥,用户必须在 www. blockchain. info 上建立一个钱包,并在 https://api. blockchain. info/v2/ apikey/request/上请求 API 密钥。

(2)下一步是生成一个扩展公钥。如果已从上面给出的地址设置了钱包,则 xPub 可以在:

$$设置→地址→管理→更多选项→显示 xPub$$

(3)接着为每个客户生成一个唯一地址。为客户创建新请求的基本网址是: https://api. blockchain. info/v2/receive? xpub = $ xpub&callback = $ callback _ url &key =$ key。

这是一个包含 3 项参数的 API 键。参数说明如下。

(1)xpub。用户的 xPub。

(2)callback_url。回调 URL,当收到付款时将被通知。

(3)key。在步骤(1)中创建的 blockchain. info API 密钥。注意:每次对服务器的调用都会将索引递增 1,以避免向不同客户显示相同的地址。

参 考 文 献

W. Akins, J. L. Chapman, and J. M. Gordon, "A whole new world: Income tax consider-ations of the bitcoin economy," 2013. [Online]. Available: https://ssrn.com/abstract =2394738.

A. Biryukov, D. Khovratovich, and I. Pustogarov, "Deanonymisation of clients in bitcoin p2p network," In *Proceedings of the 2014 ACM SIGSAC Conference on Computer and Communications Security*, New York, NY, USA, 2014, pp. 15–29.

Blockchain Wikipedia. Available: https://en.wikipedia.org/wiki/Blockchain 2: Bitcoin Wikipedia. Available: https://en.wikipedia.org/wiki/Bitcoin.

I. Eyal and E. G. Sirer, "Majority is not enough: Bitcoin mining is vulnerable," In *Proceedings of International Conference on Financial Cryptography and Data Security*, Berlin, Heidelberg, 2014, pp. 436–454.

Follow my vote. Available: https://followmyvote.com/online-voting-technology/blockchain -technology/ 5: cointelegraph.

G. Foroglou and A.-L. Tsilidou, "Further applications of the blockchain," In *12th Student Conference on Managerial Science and Technology*. 2015.

G. Hileman. "State of blockchain q1 2016: Blockchain funding overtakes bitcoin," *Coindesk*, 2016. [Online]. Available: http://www.coindesk.com/state-of-blockchain-q1-2016/.

A. Kosba, A. Miller, E. Shi, Z. Wen, and C. Papamanthou, "Hawk: The blockchain model of cryptography and privacy-preserving smart contracts," In *Proceedings of IEEE Symposium on Security and Privacy (SP)*, San Jose, CA, USA, 2016, pp. 839–858.

S. Nakamoto, "Bitcoin: A peer-to-peer electronic cash system," 2008. [Online]. Available: https://bitcoin.org/bitcoin.pdf.

C. Noyes, "Bitav: Fast anti-malware by distributed blockchain consensus and feedforward scanning," arXiv preprint arXiv:1601.01405, 2016.

B. Marr. "Practical examples of how blockchains are used in banking and the financial services sector," *Forbes*, 2017. Available: https://www.forbes.com/sites/bernardmarr /2017/08/10/practical-examples-of-how-blockchains-are-used-in-banking-and-the-fi nancial-services-sector/#23adfc4c1a11.

G. W. Peters, E. Panayi, and A. Chapelle, "Trends in crypto-currencies and blockchain technologies: A monetary theory and regulation perspective," 2015. [Online]. Available: http://dx.doi.org/10.2139/ssrn. 2646618 563.

T. K. Sharma, "Documentation verification using blockchain" *Blockchain Council*, 2017. Available: https://www.blockchain-council.org/blockchain/document-verification-sy stem-using-blockchain/.

M. Sharples and J. Domingue, "The blockchain and kudos: A distributed system for edu-cational record, reputation and reward," In *Proceedings of 11th European Conference on Technology Enhanced Learning (EC-TEL 2015)*, Lyon, France, 2015, pp. 490–496.

M. Yakubowski. "South Korean government to test blockchain use for e-voting system," *CoinTelegraph*, 2018. Available: https://cointelegraph.com/news/south-korean-govern ment-to-test-blockchain-use-for-e-voting-system.

Y. Zhang and J. Wen, "An iot electric business model based on the protocol of bitcoin," In *Proceedings of 18th International Conference on Intelligence in Next Generation Networks (ICIN)*, Paris, France, 2015, pp. 184–191.

36

第 3 章　区块链和物联网安全

D. Peter Augustine，Pethuru Raj

3.1　引　　言

在当前时代下，区块链是信息世界中技术与智慧发明的融合。这一概念由一位化名为中本聪的人士在 2008 年首次提出。从那时起，区块链经历了迅速的发展，在信息世界应用的每个维度都得到了可靠支持。与此同时，初见区块链一词都会问道："区块链是什么？"

区块链改变了社会公众对于互联网的看法，使信息能够在广域网进行分布式存储，而不是被简单复制。尽管发明区块链的主要目的是为数字货币——比特币提供支撑，目前 IT 界已经探索了许多除应用于比特币之外更有效果和便捷高效的技术应用。

区块链可以被定义为一种去中心化的、分布式和公共的数字交易分类账，其理念是在许多系统中记录这些交易行为；反过来，任何交易记录从创建之日起是无法篡改的，除非重新生成它之后的所有后续区块。

普通公众可以从最简单的形式将区块链理解为带有一系列无法更改时间戳的数据流动记录，这些时间戳由一组计算机节点进行组织，而非任何单一单元所拥有。每个带有时间戳的记录可以被视为一个区块，这些块借助密码算法可以完全互相绑定。因此，区块和互连区块的链共同构成了术语"区块链"。

新兴的区块链技术已经引发了一种充满活力的影响，打破了信息技术（IT）行业一直以来的工作方式，因为区块链网络没有任何中央控制。随后，它启用了一个共享且不可篡改的分类账本；记录中的信息可以被任何用户访问。从此以后，区块链上任何领域的知识都将属于公共领域，每个涉及该系列中任何时间戳的人都要对他们的行为活动负责。

3.2　理解区块链

在其他任何情况下，区块链只需要诉诸基础设施成本，无须一般意义上的交易成本。区块链的底层机制在于,任何两个系统之间通过自动化手段进行简单、安全、有效和稳健的交易,可以被视为任何双方之间开展的交易。在这种情况下,一方即 A 启动并请求另一方 B 进行交易。在交易行为初始化之后可以创建一个区块,再将其广播于网络中分布的所有计算机节点。该块由网络上所有系统进行验证和确认,通过之后即可被添加到一个链中,该链存储于整个网络;新生成的区块具有自身专属的唯一标识。交易行为通过验证完成,并在 A、B 双方之间执行。任何影响单个交易记录的操作,都会反过来错误地影响整个链以及耦合数百万个个实例中的数据区块。

任何双方基于区块链的交易算法:

(1) 用户 A 请求与 B 进行交易;

(2) 创建区块以表示交易事务;

(3) 将区块广播到网络中的所有系统;

(4) 由所有节点完成对区块有效性的确认工作;

(5) 有效区块被添加到区块链中;

(6) 由 A、B 执行并验证交易是否完成。

以铁路系统为例,每天有数百万笔交易在该系统中执行。用户可以通过 App 或网站进行在线购票。通常,信用卡或借记卡服务提供商要求收取手续费。利用区块链技术,铁路交易系统则有可能消除手续费,甚至提高整个流程的效率。在这个应用场景下,铁路系统可以看作是 A,而客户被视为 B。票据可以是一个单独的记录块,该记录块被验证并添加于链中。每次购买火车票与日常生活中其他金融交易一样,都是可自主核实且不可改变的。包括特定火车路线、车道网络、每张售票和每趟旅行在内的整个交易都可以被视为记录信息。本次交易所涉及的任何发起更新或修改行为的人员,需要对本次交易行为完全负责。

即便是使用物联网的智能家居也可以与区块链技术相结合,以期最大限度地保护数据和使用过程的安全性,通过不同的传感器、摄像机和其他连接的智能家用电器产生数据,让所有能够被独立寻址的普通物理对象形成互联互通的网络。这将在本章最后一节进行讨论。

可以理解,由于避免了中间机构的存在,区块链能够节省更多成本。以出租车聚合平台 Ola 为例,审视区块链技术带来的改变,这对于收取额外费用的中间人而言威胁较大,他原本仅通过对发生交易的信息进行编码就可将其删除,在控制不同部门的成本方面起着至关重要的作用。区块链技术完全避免了中间人的介入,降低了参与网络交易的每个用户的成本。

区块链技术基本不存在交易成本。因此,所发生的成本或所获得的利润绝对是在最终交易各方之间进行的,且一般情况下没有任何中间机构的参与。

3.3　面向物联网的优化区块链

在介绍区块链对物联网(IoT)的优化问题之前,下面先针对物联网及其为何需要区块链技术以提高其效率进行简要介绍。简而言之,可将物联网界定为在互联网世界中发送和接收数据以控制设备,或者分析、操纵共享数据的对象。物联网始于电灯、风扇、冰箱、电视等家用电器,并扩展到网络中的任何电子设备。物联网将传感器作为输入介质,通过传感控制软件在网络中的任何对象之间传递数据和信息。它可以满足诸如数据分析、成本削减或预测分析之类的目的,具体取决于要实施的目标。

在这波物联网热潮中,三星、西门子等制造业领域巨头公司以及 IBM、AT&T等信息技术企业正致力于从基本的预测性维护阶段升级到高端数据分析水平,以实现对物联网的最佳适应和使用。

实际上,物联网在智慧城市、智慧电网和智慧医疗领域具有很大的优势。在所有这些优势特点中,由于物联网不间断地从设备中获取大量数据以进行处理和分析,同时也会引起严重的隐私问题。结合数据封装的面向对象编程概念,可以理解在这个物联网世界中,如果没能提供有保证的安全机制,来自众多设备的海量数据自发流动可能会导致数据泄漏或未经授权的访问,可以联想一些隐私和数据方面的挑战,如缺乏中央控制、设备资源的异构性、多种攻击面、特定环境的风险和规模。

如本章前面所述,区块链技术可以作为物联网时代保护数据隐私和数据安全的有效工具而使用。区块链的安全性主要源自被识别为工作量证明的密码学难题,用于将新的区块添加到链中。可标识用户身份的非固定公钥确保了较高水平的隐私性。区块链的显著特征及其在各种非金融领域的应用能够在物联网当中提供分布式隐私性和安全性。

3.3.1　工作量证明

工作量证明算法是比特币、以太坊等数字货币所采用的最受欢迎的算法,每个算法都有其自身的差异。

即使我们可以利用其中大多数特征,也需要根据物联网情况对区块链进行优化。因此,物联网对区块链技术的采用并非易事。以下是一些必须应对的重大挑战。

(1)有一位挖矿者被选为领头人,并选择要添加到区块链中的区块作为工作量证明。在这种情况下,需要解决一个特定的数学问题,以找到资源需求很高的解决方案。

（2）矿工在大多数时间内都是具有计算能力的参与者，这是因为他们都具有第一个正确解决难题的能力。在这种情况下，可伸缩性问题来自矿工之间达成共识的需求。

（3）即使不是物联网，就加密货币的情况而言，也需要对 PoW 和避免双重支出的机制进行大量延时。

我们在本章末进行了一个相同的案例分析，研究智能家居优化的场景，以了解上述挑战。一些研究人员针对上述挑战提出了不同的优化技术。其中之一是区块链的轻量级实例化，而不会损害从区块链实施过程中获得的隐私和安全利益。他们致力于采用分层结构，优化资源摄取并提高网络可扩展性。优化的结构包括智能家居、覆盖网络和云存储 3 个不同的层次。

智能家居物联网设备之间的交易记录存储在私有的不可变账本（IL）中，该账本能被可视化为区块链，但存在着中央管理和对称加密的区别，从而减少了处理开销。区块链的另一个不同之处在于，需要更多资源的设备相互创建一个使公有链实例化的分布式覆盖层。交易行为是在被组装成块的涉及不同层中的实体之间进行的通信。这些块在不解析 PoW 的情况下被附加到链上，从而大大减少了附加性开支。整个网络可以即时访问经过验证和确认的交易。这种机制有可能减少诸如数据访问或查询等物联网交易的延迟，可以在覆盖层中使用可能显著的分布式信任方法，以减少认证新块时的处理开支。

即使假设所建议的这种机制是用智能家居物联网的理念构建的，它也可以针对类似的应用进行查看和测试，并扩展到不同的物联网应用中。

3.4　区块链成为物联网主干

正如本章前面所述，物联网已经在包含以云为中心框架的技术世界中占据了一席之地。IBM、AWS 和 Azure 等云计算巨头遵循基于云的物联网设计，通过设备到云的通信来描绘在云平台中完成的分析。应用程序的数量每天都在迅速增长，物联网设备的数量也在不断增加。根据 Gartner 和 Cisco 的一份报告称，在不久的将来，这一数字将增加 250 亿~500 亿英镑。值得注意的是，分析计算发生在网络的中心，因此基于云的物联网存在延迟、带宽和连接性等问题。由于上述问题，用于智能城市、智能工厂、智能电网和智能农场的工业物联网（IIoT）应用程序与基于云的体系结构不兼容。因此，基于边缘计算的应用程序开发范式发生了转变，其发展可能非常适合于这类工业物联网应用。边缘计算与物联网相结合可以避免延迟、带宽和连接性的所有问题。在这种情况下，区块链还可以在进行边缘计算的同时，为工业物联网提供大量的安全支持。

随着物联网技术的快速发展,其保护无限量设备安全性的能力受到了各界的质疑。可以从埃森哲发布的物联网安全概述中更好地理解这一点,其综合报告指出,"寻找可解决物联网安全的实用解决方案的紧迫性与日俱增。许多企业和政府领导人普遍面临着同一个棘手的问题,即如何保障物联网的安全性?"

网络智能设备的使用量呈指数级增长,为物联网的发展带来了新的挑战,存在两个主要问题需要解决。

(1)首先是安全性。

(2)同时,物联网需要扩展其能力,以确保连续不断的快速、一致的连接。用户的亚马逊 Echo 暂时断开连接可能不是一个严重的问题,但是试想如果是无人驾驶汽车失去信号,即便只是一瞬间将会是何种情况。

与此同时,区块链作为备用数据库而存在,随时能够为克服这些根本问题提供大量支持。世界上最有价值的加密货币正在受到区块链的保护。区块链根深蒂固的智能合约和分布式网络是物联网安全隐患的重要解决方案。尽管集中式服务器容易受到更高安全性风险的影响,但由于区块链是基于分布式计算工作的,因此这些风险会分散在网络中。分布式账本概念的机制和区块链的持续连通性保证了一个领域的问题不会对任何其他领域产生任何影响。区块链可以证实和确认物联网设备保持其提供服务所需的连接的可用性。

如前所述,继续用物联网概念来审视无人驾驶汽车互连的情况。在这种场景下,采用私有链有助于促进从汽车启动、状态验证和智能协议开始的安全和并发通信,以交换有关保险和维修服务统计的信息,以及跟踪安全性的实时位置数据。可以看出,在上述无人驾驶背景下,采用分布式分类账技术的区块链如何弥补物联网技术在安全领域的严重漏洞。

(1)具有分布式分类账的区块链可提供置信度、专有权的身份验证数据,以及清晰且完整的分布式通信,这些通信数据是车联网的支柱。

(2)在智能无人驾驶汽车系统的场景下,通过区块链设计的智能合约能够以一种安全、高效的方式执行理赔流程。

(3)区块链上的每一笔交易都有时间戳,每笔交易都将随时得到保护和维护,以备今后追溯参考。

(4)在目前物联网融合区块链的快速发展趋势中,物联网的开发人员将部署自己的私有区块链,并将交易数据存储于显式应用程序。当前将数据存储在中央数据库服务器的方案将能够写入本地分类账,该账本可以与其他本地分类账同步,以保存唯一但仍受保护的事实副本。

(5)最后,值得注意的是,区块链作为物联网骨干支撑的最大挑战在于物联网中通信的安全性。

3.5　区块链赋能物联网安全

由于物联网中的大多数设备缺乏可用性,其在网络中的可用性容量、所连接设备种类的多样性以及对安全标准的适应性不足都是巨大的挑战。不符合相关标准使得物联网易受到黑客攻击,进而产生更多的数据安全漏洞,可能导致个人空间未经授权的数据访问,用户隐私将完全暴露在攻击者面前。一些研究人员正在研究一种代理策略检查方法,待运行任务在被调度器复制到主系统任务上下文空间进行执行前,需要经过安全代理的审核决定是否加载。但是,这种方法无法适用于攻击者可能会绕过主任务系统而直接访问智能设备的可能性情况。

还有研究人员已经提出了一种安全管控系统,该系统拥有基于内容的动态策略,可以根据交易中所接触设备和数据进行访问限制。同时,它必须包括一定的安全措施,也允许访问个人数据。

一些研究人员围绕智能家居中的隐私问题开展分析研究,在智能家居场景中,与个人极其相关的隐私数据会根据场所内传感器的使用情况和收集的信息进行传输。

还有一些应用程序开发人员提出了将数据访问限制在网络外部系统的想法。目前,已经产生一些解决方案,通过将数据与一些加密机制合并,以保护数据。这类机制可能会增加不同级别的开支,在某些情况下也可能是没有必要的。

我们可以得出结论,在物联网的安全和隐私方面需要解决 3 个主要问题。

(1) 资源优化。受资源限制的设备可能不适用于当前高级和复杂的安全程序。

(2) 隐私。在暴露不同类型信息的同时保护用户隐私。

(3) 集中化。物联网可能不适合使用集中化管理机制,庞大的数据量可能会在服务器端增加高昂的管理开支。

区块链的新颖之处在于,它使用一种安全的信息架构来获取数据并对其进行验证,从根本上确保了物联网转变的安全性。以下 3 个主要特征揭示了区块链与物联网结合的意义。

3.5.1　提高数据安全性

目前,确实需要完全保护数据,使其符合所有必要的标准而不影响数据的原始性。由于区块链协议并不是数据库,它不会存储大量的数据,所以在区块链中提供"控制点",可以在每个变更级别上完全控制数据访问。

3.5.2　稳健结构的创建

当前物联网架构的主要缺点是"拥有一种正确且健壮的结构,以实现跨网络共享数据",区块链克服了这个缺点,无疑会创建正确和稳健的结构来共享数据。

另一个巨大的挑战是行业间的数据交易,该挑战可能会引起更多的关注。区块链可以通过简单易行的验证和认证来解决这个更大的挑战。

3.5.3 实现分布式和并行计算

一方面,并行计算和分布式处理的具有挑战性的开发实现,通常归因于人工智能的应用;另一方面,它是通过区块链技术来完成的,对网络中涉及的每个节点进行确认和验证。Golem、Hadron、HyperNet、DeepBrainChain、IEXEC、ONAI 等企业正在试图努力解决这些问题。

3.6 面向大规模物联系统的区块链技术

数据科学的时代已经允许信息技术领域的任何人广泛使用数据进行分析并做出有效的预测。信息技术的另一个非常先进的领域称为云计算,它的进步也有助于改善数据科学的研究领域。物联网产生的大数据使用基于云的架构涉及大数据分析,将获得业务解决方案的最大收益。在此背景下,使所有可能的电子设备以物联网的名义相互通信并将数据涌入网络,该网络可以是局域网、广域网或任何类型的云平台。可以考虑一下,将这些物联网、云计算和大数据分析技术进行耦合,用于企业解决方案的场景。事实上,在这种情况下可以预期实现 100% 的安全性,因为永远也找不到不惜任何代价导致业务丧失的陷阱。图 3.1 展示了区块链支持物联网的 8 个领域。

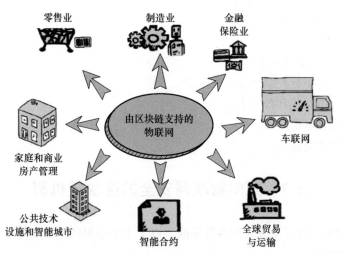

图 3.1　区块链与物联网结合的八大应用(摘自 Chemitiganti,2016 年,区块链能为物联网做些什么？http://www.vamsitalkstech.com/? p=3314)

43

社会对于物联网日益增长的需求以及与其他高新技术相结合的应用,使物联网成为一个大规模系统。云平台被广泛用作此类大规模物联网系统的中央存储库,而集中式服务器方法并不是一种明智的解决方案。截至目前,大多数已实施的物联网系统都依赖于集中式服务器概念。这些物联网系统通过有线或无线网络使用中央服务器。鉴于业务发展的考虑,大规模物联网系统必须完成需要高处理能力的分析,而现有基础架构无法实现这一点。显然,拥有分布式网络系统可以增强现有的互联网基础设施,以应对大规模物联网系统中处理的海量数据。对等网络(PPN)、分布式文件共享(DFS)和自主设备协调(ADC)功能可以提高基础设施的效率,通过实现这些功能以跟踪大量的链接和联网设备。

区块链自身的健壮性可使物联系统更加可靠,同时保持其对数据的机密性。由于采用了分布式记账机制,用户在区块链的对等方之间的交易也变得更快。

当物联网与区块链结合时,数据流会经由传感器、网络、路由器、互联网、分布式系统、区块链的路径,然后进行分析,最后到达终端用户。由于区块链具有不可篡改的性质,因此,分布式分类账中的数据不太可能出现误读或错误验证。

区块链技术主要有以下几种最为重要的优势:

(1) 数据保护。

(2) 对等方之间的安全通信。

(3) 稳健性。

(4) 高可靠性。

(5) 高数据保密性。

(6) 保存完整的操作记录。

(7) 智能设备中存储旧交易数据。

(8) 允许自主操作。

(9) 分布式文件共享。

(10) 没有单独控制和修改的能力。

(11) 去中心化和低成本。

(12) 内置可信赖性。

(13) 加速交易。

3.7　面向物联网安全的区块链机制

物联网面临着安全方面的各种挑战。以下主要审视区块链如何应对入侵检测和预防抵制程序。

由于其记录跟踪能力,区块链可以作为一种催化剂,从而增强隐私性、安全性、稳健性和连贯一致性。这些特征可以跟踪物联网生态系统网络中连接的任何数量的设备,甚至数百万个终端,并以装配良好的方式维持其协调和通信。

世界上第一个用于互联网连接设备搜索的引擎"Shodan"支持用户找到任何物联网设备的漏洞,并揭示与之相连事物的缺陷和脆弱性。无须质疑的一点是,在任何物联网系统中使用区块链会通过消除某些单点故障来提高可信度。区块链采用哈希算法与加密机制对数据进行加密,从而在将数据与物联网绑定时产生最佳的安全性机制。同时,将区块链技术与物联网相结合时,使用哈希方法和密码技术所需的较高计算能力成为一个非常大的挑战,目前相关研究正在继续,计划在区块链层面尝试解决这些问题。

安德伍德(Underwood)等研究人员认为,区块链是适用于数字经济的一种有效方法,绝对的安全性是有保证的。在物联网世界体系下,强大的信任是首要组成部分,区块链可以为物联网数据提供完全防篡改的能力。

纳斯达克于 2015 年 10 月推出了纳斯达克林克(Nasdaq Linq)系统,采用区块链概念以记录其保留安全性的交易。由于区块链的优势,美国存管信托与结算公司(DTCC)也在与 Axoni 合作货币交易支付设施平台,以推动交易后生命周期中衍生品的改进。政府监管委员会同样热衷于区块链,因为它能够安全、隐蔽、识别交易有效性,并对交易进行监控管理。

保护正在进行的运营操作技术也很重要。区块链可以通过处理和保护工业物联网设备来防止破坏性信息。在这种优越的完全受保护的方案中,一旦部署了传感器、设备或控制器并使其开始运行,就没有任何修改的空间,随后设备中的任何变化都将在区块链中被追踪。

3.8 面向物联网安全和隐私的区块链:智能家居实证研究

智能家居的主要目标在于安全、节能,降低运营成本支出并带来便捷性。智能家居可以减轻居民的压力,节省了时间和金钱,同时避免能源的浪费,为社区居民提供一种舒适、便利的现代化生活方式。

以上对智能家居设置进行了简单阐述,其中包括连接到互联网的各种设备、流程和机制(图 3.2)。由于 3.7 节内容已经勾勒出了包含所有必要尖端技术的大规模物联网系统,因而此处也可以透过这些技术来审视智能家居的发展。在下面案例的实证研究中,主要将物联网和云计算作为构建模块进行集成,以剖析区块链的重要力量。

智能家居的物联网包括家用电器,如冰箱、空调、洗衣机、风扇、电灯、电视以及互联网连接和移动设备管理。各种传感器与不同的设备结合在一起,数据通信情况对于未来的数据处理和分析意义重大,为家用设备增加了智能性,以量化家庭环境和设备的功能状态。

图 3.2　基于区块链的智能家居系统(来自 Masak，K. 2018. VIONEX ICO：基于区块链的智能家居系统。https://coinspector. com/news/238572/vionex-ico-blockchain-based-smarthome-system)

通过设计和部署云计算平台可以在计算效率、数据存储和应用程序方面有效利用其所有服务,以在家庭中构建、维护和平稳运行,并随时随地访问家居物联网设备。

智能家居管理器(SHM)作为中央单元,可以通过区块链处理全部的互动交易。它接收所有向内的和向外的通信,并利用公钥与物联网设备和本机存储进行本地交易。

本地信息分类账保存由家庭业主定义策略标头,以批准已建立的交易事务。家庭内部的覆盖节点或设备可能会出于共享、请求或存储数据等目的而产生互动交易。基本可以假设,作为一组设备管理者的簇头节点需要感知信息,又要收集、处理和转发其他节点的信息,可以是竞争性关系。对方能够伪造交易事务或删除数据,建立到节点的不必要链接或对虚假交易进行身份验证。

常见的针对簇头的网络攻击可能是拒绝服务攻击(DoS)、篡改攻击、投掷攻击或附加攻击,这些网络攻击将威胁到真正用户的可访问性。

这项研究通过使用具有共享密钥的综合 Diffie-Hellman 算法来连接策略报头和设备的本地区块链。矿工需要将共享密钥分配给设备,以便彼此直接通信,从而实现用户对智能家居交易行为的控制。由于每个设备将数据保存在本地,因而需要使用共享密钥对存储进行身份验证。通过一种所谓存储交易的匿名过程,本地存储的数据可以移动到云存储中。其他可能产生存储交易的行为还包括访问和监控等。这些交易事务主要是由家庭业主进行操作,以便在她/他外出时观察房屋内设备动况。

攻击者通常无法破解加密算法。一般而言,物联网中主要存在如可访问性威胁、匿名威胁、认证和访问控制威胁这几类重大威胁。

这些威胁可以阻止真正的用户访问数据或服务,或者他们可以找到用户的身份,从而破坏隐私或试图使破坏者成为真正的用户。

在第一级防御中,智能家居管理器发现任何违反策略的数据包,继而将这些数据包丢弃。第二级防御是,任何连接到本地区块链的设备只有在 SHM 进行真正的认证之后,才将被允许进行交易。如果发现任何设备是真实的,则将其与网络隔离。

第4章 共识算法概述

R. Indrakumari, T. Poongodi, Kavita Saini, B. Balamurugan

4.1 引　　言

区块链被认为是最具潜力的技术之一[1]。由中本聪提出的比特币[2]引发了学术界和工业界对区块链的关注,因为其有能力消除传统支付方式依赖第三方的局限性。在传统的支付方法中,支付行为往往信任可验证其交易有效性的第三方。但在大多数情况下,由于每个交易都是基于单个组织,第三方机构并不值得充分信赖。目前,可以通过多个独立的组织来解决该问题,将关注视角从中心化转向去中心化的立场。中本聪提出了被称为区块的分布式分类账设计,其中包含经验证的交易行为。被视作人类第一个区块的创世纪块[3]包含了比特币的首笔交易。

当交易行为发生时,其有效性经由一些节点来验证。这里的有效性指的是汇款人的资金充足性以及他的数字签名[4]。在验证其有效性之后,记录交易的区块可以被添加到所有其他节点都能识别的链之中。一个节点可以通过分配给其他请求将该节点加入当前链的节点,从而添加这个记录多次交易的区块。该方法的局限性在于,如果每个节点都请求其首选节点,这种情况就会出现混乱。为避免该情况发生,便引入了共识算法,即在所有节点之间达成关于应该添加哪些区块、允许哪些节点添加其意向区块的共识。迄今为止,已经形成了多个版本共识算法。

在本章节中,主要讨论了两大主要类型的区块链共识算法的各种变体。首先是基于证明的共识算法,进而讨论基于投票机制的共识算法。

4.2 共　　识

共识算法被认为是一个群体的决策过程,个体积极参与制定和支持适合群体中其他个体的决策。换言之,它可以被看作是所有个体均支持决定的一个解决方案。共识算法是世界范围内较为活跃的研究课题,它以一种安全的方式更新分布式共享状态。在传统的分布式系统中,容错是通过在网络中多个副本上分配共享状态来实现的。基于状态机框架的预设状态转换协议,将发生复制共享状态的更新,这称为状态机复制。复制背后的概念是,如果一个或多个节点崩溃,它将不会丢失任何内容。状态机的主要任务是确保具有相同输入的节点能产生相同的输出。这些副本相互联系,以形成共识,并在状态变更执行之后对状态的确定性达成一致。在基于区块链的应用程序中,共享状态为区块链。可以通过多种方式实现共识,如基于抽签的算法,包括工作量证明(PoW)和消逝时间证明(PoET);也可以通过基于投票机制的方法,包括 Paxos 和冗余拜占庭容错算法(RBFT)来实现。这些方法取决于各种容错模型和网络要求。

在基于抽签的算法中,获胜者推荐一个区块并将其发送给网络的其余节点进行验证,因而可以扩展到大量节点。当两个或更多的获胜者提议一个区块时,将调用分叉方法来分析哪一个导致更长时间来最终确定。在基于投票的算法中,结果是基于低延迟确定性的。在这种情况下,节点将消息传递给其他节点,因此需要更多的时间来达成共识,从而在速度和可扩展性之间实现权衡。

4.3　基于抽签的算法

基于抽签的算法,根据比特币的创始人命名,因此也称为中本聪共识。在这里,选择一个验证者,它来决定下一个添加到区块链上的节点。基于抽签的算法不是一种等概率分配技术,因为它对获胜者有其自己的概率分布。下面讨论基于抽签的各种算法。

4.3.1　工作量证明

工作量证明(PoW)[5]是用于加密货币的初始共识协议,该协议允许区块链用户在比特币中获得共识。该协议特别涉及 SHA-256 哈希算法、默克尔树和 P2P 网络,以在区块链网络中创建、广播和验证区块。由于 PoW 包含完成该过程的各种技术,因此会导致昂贵的数字计算。PoW 的性质如下所述。

(1) PoW 是为免许可的公共分布式账本和采矿过程而开发的,它消耗更多的计算资源。

(2) 为了构造一个新的区块,加密难题必须由矿工解决,首先解决难题的用户将通过在网络中广播结果来获得奖励。

(3) 该协议以线性方式维护每个区块中的交易,并且一个区块是由一组交易组成的。

(4) 只有在网络中通过确认并验证签名的情况下,才会接受使用密码签名的交易。

(5) 挑战-响应的计算过程称为挖掘。

(6) 奖励在本协议中公平分配。如果以总计算能力的"p"分数来确定该矿工的得分,则他们将有概率"p"来挖掘后续的区块。

（7）如果发生任何冲突，则该协议释放多个区块分支；然而，保留时间较长的分支为受信任分支。

（8）PoW 的主要目标在于管理共识，一个新进入的节点可以根据协议规则确定网络的当前状态[6]。

PoW 引入了挖掘，其中涉及通过显示已完成工作的计算量证明来验证网络中的一个区块（一组交易）的步骤。一旦启动一项交易行为，网络中现有可用矿工就会通过解决密码难题并形成该区块而相互竞争，争取成为第一名。解决这一难题的矿工会成功地将解决方案广播到其他同行的区块上，并对解决方案进行验证，使新区块在区块链上可以被接受。一些实施细节如下所述。

（1）比特币。它是第一个允许两个参与者在没有第三方干预情况下进行交换支付的 P2P 加密货币。创立伊始，它就启发了如医疗保健、政府治理、金融市场等许多行业和部门。比特币的支付属性是以身份匿名和微不足道的费用换来的。因其去中心化的特征，避免了交易对手的风险，并且不受任何金融组织政策的影响。通过本地协议库[7]和离线闪电网络[8]，允许在比特币中使用小额支付渠道。计算数据也可以通过零知识证明出售，以获得交易期间的最大信任[9]。此外，还支持多重签名交易以提高安全级别[10-11]。

（2）莱特币[12]。它是一种基于工作量证明的开源 P2P 加密货币的实现方法。它使用了内存密集型和计算密集型的增强安全算法。Scyrpt 用于防止共识协议中的伪造。

（3）实施 PoW 的其他加密货币有素数币、大零币、门罗币、绿币等。

分析：

（1）PoW 是一种消耗资源的协议，需要大量的计算能力，这仅仅是资源的浪费，因为存在许多有效的协议可用。

（2）在 PoW 中，随着难度级别的增加，解决密码难题所需的资源也随之增加。此外，单人矿工无法积极参与网络。

（3）由于消耗巨大，该协议被认为是在浪费大量资源。为了更好地输出和高效地处理，优选推荐采用其他共识协议。

（4）PoW 对高计算能力的要求也保证了较高水平的安全性。攻击者至少需要 51% 的计算能力，考虑到该协议的难度级别，这根本是不可能实现的。然而，PoW 极易受到 Sybil 攻击、拒绝服务攻击和自私采矿攻击。

（5）专用集成电路（ASIC）是管理采矿过程的硬件，由于其费用高昂（图 4.1），与网络中的其他组件相比，它提供了不公平的优势。

4.3.2　传输证明

传输证明（PoX）是一个概念共识协议，是为消耗了庞大系统计算资源的分布

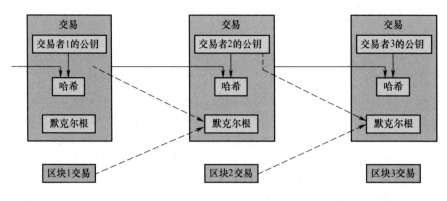

图 4.1　工作量证明结构

式账本而设计的。为了避免资源浪费,目前正在尝试将基于哈希的 PoW 难题挖掘过程转化为有用的输出。PoW 的一种变体通过将矩阵作为练习来解决现实世界中的计算问题。在各种应用中,一些基于矩阵的真实世界科学问题包括 DNA－RNA 匹配、图像处理、数据挖掘等。

4.3.3　有效工作量证明

这一概念思想的提出是为了解决以正交向量(OV)为工作量证明的科学问题,同时也融入了零知识证明的概念。基于此,矿工可以仅就委派任务提供解决方案的证明,无须提供解决方案本身。只有在网络中满足特定的预设条件之后,该解决方案才变得可用。

4.3.4　权益证明

权益证明(PoS)是一种基于经济权益(指特定验证者持有的数字货币数量)和持有货币时间来选择验证者的共识协议。在基本协议有重大变化的情况下,它存在许多变体可用。不同的协议在最小中心化问题和双重支出方面有所不同。

PoS 的各种特性如下所述。

(1) 该协议中计算的挑战-响应过程称为挖掘。

(2) 最初,它是为基于许可的公共分布式账本而设计的,侧重于基于经济的难题解决方案。

(3) 在 PoS 中不会产生新的数字货币,因此没有区块奖励,而矿工在 PoS 中将只收取交易费。

(4) 新节点总是需要规则、协议消息和最近状态才能达到区块链网络的当前状态。

(5) 特定区块的挖矿者是根据其在网络中的经济利益来选定的。

(6) 在 PoS 中,验证者的概率"p"与矿工在所有回合中拥有的全部权益的比例"p"成正比。

在 PoS 中,分布式分类账跟踪验证者及其在网络中的各自权益。PoS 中的验证者将投资股份,以获得开采下一个区块的机会。持有较高股权的验证者的机会将更大,区块的创建将随机选择验证者进行。对于任何作弊的尝试,该股份将被借入该系统。此外,PoW 中的区块创建过程非常简单,不需要很大的计算能力。

以太坊[13]是一个受 PoS 影响达成共识的开源区块链。最初,它是以 PoW 加密货币为基础的;后来,共识机制转移到了权益证明,并且变得更加安全和节能。智能合约可用于在区块链网络中执行操作。以太坊平台提供了一个区块链开发栈,开发人员可以在其中构建和部署分布式应用程序(DApps)。通过在区块链中使用这项具有前景的技术,可以利用巨大的机会来形成无限的想法。其他以 PoS 为基础的加密货币有点点币、Navvcoin、小蚁币、Decred、达世币、Pixx 和雷德币。

分析:

(1) PoS 对许多利益攸关方而言是节能和有利可图的。

(2) 这是一项较为生态环保的协议,因为它需要的计算量可忽略不计。此外,它不需要任何专门的硬件即可积极参与。

(3) 在 PoS 系统中,攻击者需要超过 50% 的能力来破坏网络,与在 PoW 中所需 51% 的功率相比,它更容易被攻击。为防止此类安全攻击,PoS 采用了经济惩罚方法来处理共谋参与者。事实上,这是非常有效的,因为只有主要的利益相关者才能影响网络,并且他们将尽力避免网络中的惩罚。惩罚方案已经在以太坊平台成功实施,其他方法则采用了不同的策略来解决这个问题。

4.3.5 委托权益证明

委托权益证明(DPoS)被视为 PoS 的常见变体,在这一情况下,验证者由利益攸关方选举产生,而非由他们自己加以验证。DPoS 以代议制民主为基础,而 PoS 则遵循直接民主理念。持有数字货币的人可以投票选举出验证者,以便创建一个新的区块。验证者可以相互结合,以创建一个新的区块,而不必像 PoS 和 PoW 那样彼此竞争。它鼓励有更好的机会去分配奖励,因为当投票给一名普通代表时,普通代表又反过来将奖励还给他们,从而导致权力下放。投票者应确定验证者的诚实态度,以确保利益得到保障。比特股和斯蒂姆币是 DPoS 最为流行的实现方式。

4.3.6 租赁权益证明

租赁权益证明(LPoS)是 PoS 中最不常用的变体,主要关注"富者越富"的问题。它激励参与者通过租借股份来为该节点投票,新的区块将由拥有更多股份的节点进行创建。然后,所得到的奖励将在所有租赁参与者之间分配。该系统还激励了一定数量的租赁参与者获得奖励,从而提高了协议的安全性。

用例:该技术最适合开发公共交易系统。对于构建公共加密货币,它更加安全和高效。

4.3.7 消逝时间证明

消逝时间证明(PoET)[14]是一种有效的共识协议,它会影响可信执行环境(TEE)的有效利用率。它扩展了所有权证明和时间证明,通过纳入公平的抽签制度以提高采矿过程的效率。利用 TEE 的功能,可以为创建区块来强制随机等待时间。PoET 使用基于英特尔的硬件(如英特尔 SGX),专门为无须许可的公共分布式账本而设计。参与者和交易日志是透明的、可验证的,显示了网络的更高可靠性。

该协议的系统过程与 PoW 类似,但是它消耗更少的计算资源。这些节点之间相互竞争,以解决密码难题并搜索下一个区块。在 PoET 协议中,为每个验证者分配了一个随机等待时间"T"来构造该区块,并对其进行跟踪。成功完成等待时间的验证者可以在网络中创建和发布该区块。这一协议遵循先到先得服务(FCFS)和随机抽签方案。整个过程都依赖于软件保护扩展(SGX),如英特尔软件保护扩展,以确保可信代码在安全的环境中执行。

PoET 通过保持网络参与者的匿名性而达成共识。在 TEE 中维护单调计数器类型的硬件以保护系统免受恶意活动的侵害,这也确保了当前在单个 CPU 中仅有一个实例正在执行。参与者可能有机会创建"T"等待时间的多个实例,以提高他们自己的运气。该协议极易受到各种安全攻击,并且缺乏安全性分析[10]。特别是,英特尔软件保护扩展容易受到回滚攻击[15]。

超级账本锯齿(Hyperledger Sawtooth)[16]是英特尔公司推出的一个模块化区块链,它遵循 PoET 共识算法来实现领导者选举抽签系统。通过使用"高级交易执行引擎"在交易中进行并行处理,以创建和验证区块。该协议具有极强的能力,可以在庞大的网络群体中提供高效的吞吐量。此外,它是一种企业级协议,可以支持通用智能合约的开发过程。

4.3.8 幸运证明

幸运证明(PoL)是一种基于可信执行环境(IntelSGX)[17]的概念性许可共识协议。它扩展了所有权证明和时间证明的功能,解决了诸如可用共识协议(PoS、PoW)的中心化和大量能源消耗之类的问题。此外,它表现出交易验证的低延迟性,与以太坊相比,区块确认时间增加了 15s,较比特币减少了 10min。

该协议在每一轮回合中向参与者发出信号,以将所有可用的未报告交易提交给一个新的区块,并为版本块分配一个数值。随后开始启动投票过程,参与者随机投票选出一个数字,得票数最高的节点将赢得最幸运的区块。网络中其他参与者停止挖矿过程,并在收到最幸运的区块后立即广播他们自己的区块,因此可以将网络拥塞降至最低。

4.3.9 空间证明或存储证明

空间证明或存储证明[18]是旨在避免滥用资源而制定的一种生态友好协议[19]。它类似于工作量证明,但不涉及计算,而是涉及磁盘消耗。

(1) 空间证明适用于公共分布式账本,而可用磁盘存储被视为资源。

(2) 矿工对网络的影响力与所贡献的磁盘空间大小成正比。

4.3.9.1 理论

存储证明利用磁盘空间来挖掘一个区块,通过将数据副本分发到服务器上并计算挑战-响应协议来确保数据的完整性,从而验证远程文件的真实性。存储证明算法中的参与者是证明者和验证者。证明者是存储数据的参与者,验证者是验证证明者正在存储数据的参与者。验证者通常向证明者提出质疑,而证明者反过来会通过提供确切的用以验证存储证明方案的证明来解决质疑。

存储证明使用 Shabal 算法预先生成一种称为图的随机解决方案,并将其保存在硬盘上。这个过程称为绘图。在绘图过程之后,矿工们将解决方案与最近的难题进行比较[20]。

4.3.9.2 爆裂币

爆裂币(Burstcoin)是一种可开采的数字货币,于 2014 年采用生态友好的空间证明算法实现。它是一种去中心化的加密货币和支付系统,在开采资源时依赖于空间[21]。爆裂币的挖掘是廉价的,而且可以在移动设备上进行[22]。第一个解决计算问题的图灵完整智能合约,是使用空间证明协议来实现的。

4.3.9.3 空间币

空间币(SpaceMint)是一种加密货币,通过空间证明取代了与加密货币有关的高耗能型计算。在这里,矿工投资磁盘空间而不是计算能力。开采过程分为两个阶段进行,即初始化和挖掘。在初始化时,矿工贡献了 N 位空间,并创建了特殊的密钥对。矿工通过特殊交易公布其空间承诺。在采矿阶段,通过大笔奖励和交易费来激励采矿。一旦初始化,每个矿工都会尝试在每个时间段向区块链中添加一个区块。空间币拥有 3 种交易类型,即付款、空间承诺和罚款。每笔交易都由用户签名,并发送给要添加到区块中的矿工。

4.4 基于投票的共识

在基于投票的共识算法中,验证网络应当是可调整的且明确已知的,以便在没

54

有任何复杂性的情况下交换信息。在基于证明的共识算法中,节点可以自由地组合和退出网络。

基于投票的共识算法中的节点在将自己的区块添加到链中之前先相互通信。执行过程与分布式系统中包含的常规容错方法相同[23]。正如在任何容错方法中一样,基于投票的共识旨在当节点发生崩溃时起作用,有时节点被破坏颠覆。当节点崩溃时,它会等待其他节点传递的信息。在某些情况下,等待节点将不会从其他节点接收到任何适当的消息或指导来做出决定。为了防止这种情况的发生,应该有 $n+1$ 个节点而不是 n 个节点来进行不间断的操作[24]。

与此形成对照的是,破坏节点执行异常操作,导致输出不精确。这些可以通过一个经典的问题来解决,即由兰波特等提出的俗称拜占庭将军问题[25]。具体而言,拜占庭将军将他们的部队分成 N 组,由 N 名将军领导,他们能够从不同地点攻击敌人,从而占领了敌方营地。为了取得胜利,N 组军队应该同时进攻。在发动攻击之前,双方应通过交换适当的信息就攻击的时间达成一致协议,并且由多数人做出决定。令人遗憾的是,将军里有一些阴谋家,他们的意图是通过将多种多样不同的决定传递给其他人来混淆其他将军视听,从而导致攻击的失败,因为一些将军没有选择参加进攻而是选择撤退。

兰波特等提出了解决这个问题的方法,即为了包容被策反的 n 名将军,至少应有 $2n+1$ 名将军随行。同样的场景情况也适用于区块链,因为在执行共识工作时,可以通过将不同的结果传播到其他节点来破坏某些节点。根据这些错误容忍情况的处理方式可以将基于投票的共识算法分为两类。

(1)基于拜占庭容错的共识,可避免崩溃和破坏节点的发生。

(2)基于崩溃容错的共识,可防止发生节点的崩溃情况。

这些子类别下的共识算法假设在 N 个节点中,至少应有 t 个节点($t<N$)正常运行。在基于崩溃容错的共识中,通常将 t 设置为 $[N/2+1]$;在基于拜占庭容错的共识中,通常将 t 分配为 $[2N/3+1]$。

4.4.1　基于拜占庭容错的共识

拜占庭容错共识是基于许多企业使用的流行的超级账本区块链平台[26],尤其以是 IBM 最为突出[27]。卡斯特罗和利斯科夫[28]提出了一种拜占庭容错的变体,称为实用拜占庭容错(PBFT),旨在用于超级账本结构[29]。在拜占庭容错中存在两种节点,即领导节点和验证节点。

以前,验证节点接收来自客户端的交易验证请求。验证后,将结果发送给领导者和其他同伴。这里的阈值是保持批量大小。根据创建时间,领导者安排交易并将其放入一个区块中。

Symbiont[30]和 R3 Corda[31]是基于贝萨妮等提出的拜占庭容错共识算法[32]

的著名区块链平台。除了执行程序外,贝萨妮等还开发了一个副本,用于在单台计算机中存储已执行操作的日志,该副本用于当节点发生故障并需要重新启动时获得最新的当前状态。

4.4.2　基于崩溃容错的共识

Paxos[33]和Raft[34]是Quorum[35]用来容忍崩溃的基于崩溃容错的共识算法。Raft是基于这样一个假设,即每次总节点中的[$n/2+1$]都正常工作。在Raft共识算法中,验证节点扮演了跟随者、候选者和领导者的角色。节点之间的通信是通过以下消息进行的:"请求投票"(RequestVote)选举一个领导节点,"附加条目"(AppendEntries)用于将请求传输到其他节点。

在执行过程中,领导者接收来自客户端的交易请求,然后将其保存到一个称为日志条目的列表中。领导者在收到请求后,将"附加条目"消息发送给所有追随者,其中包含交易日志以及先前的交易索引。例如,如果领导者发送了第n笔交易,那么,他应该附上第($n-1$)笔交易的明细。

区块链平台Chain[36]使用一种称为联邦的算法,该算法基于崩溃容错共识算法。验证网络中有n个节点,其中有两个节点分别称为区块生成器和签名区块。从客户端接收到的交易将由区块生成器进行验证,并且将有效的交易保存在临时列表中。区块生成器按顺序考虑一些请求的交易,将他们放入区块中,并循环流通给所有的签名区块。签名者接收的区块被验证,针对有效区块进行签名并将其发送回区块生成器。如果一个区块由大多数区块签名器签名,那么,它就被视为一个可信任的区块,并同样被附加到由区块生成器维护的链中。不止一个区块签名器确认了该区块的存在,如果发生任何意外崩溃,该区块的链便可以抵抗崩溃故障。

4.5　小　　结

本章概述了一些适用于区块链的共识算法。这些算法分为两类,即基于证明的算法和基于投票的算法。在基于证明的算法中,节点必须证明其多数性才能添加所需的区块。在基于投票的算法中,节点之间就附加到分类账上的数据区块达成共识。本章详细讨论了这两种算法的应用。

参 考 文 献

1. S. Haber and W. S. Stornetta, "How to time-stamp a digital document," *Journal of Cryptology*, vol. 3, no. 2, pp. 99–111, 1991.
2. S. Nakamoto, "Bitcoin: a peer-to-peer electronic cash system," 2008 [Online].

Available: https://bitcoin.org/ bitcoin.pdf.

3. Bitcoinwiki, "Genesis block," 2017 [Online]. Available: https://en.bitcoin.it/wiki/Genesis_block.

4. E. Robert, "Digital signatures," 2017 [Online]. Available: http://cs.stanford.edu/people/eroberts/courses/ soco/projects/public-key-cryptography/dig_sig.html.

5. S. Nakamoto, "Bitcoin: a peer-to-peer electronic cash system (white paper)," 2008. [Online]. Available: https://bitcoin.org/bitcoin.pdf.

6. R. Greenfield, "Vulnerability: proof of work vs. proof of stake," 27/08/2017. [Online]. Available: https://medium.com/@robertgreenfieldiv/vulnerabilit y-proof-of-work -vs-proof-of-stake-f0c44807d18c.

7. J. Poon and T. Dryja, "The Bitcoin lightning network: scalable off-chain instant payments," 26/01/2016. [Online]. Available: https://lightning.network/lightning-netw orkpaper.pdf.

8. Bitcoinj Community, "Working with micropayment channels," [Online]. Available: https://bitcoinj.github.io/.

9. Gmaxwell, "Zero knowledge contingent payment," 02/2016. [Online]. Available: https://en.bitcoin.it/wiki/Zero_Knowledge_Contingen t_Payment.

10. M. Rosenfeld, "What are multi-signature transactions?" 18/05/2012. [Online]. Available: https://bitcoin.stackexchange.com/questions/3718/wh at-are-multi-signature-transactions.

11. Belcher, "Multisignature," 12/2018. [Online]. Available: https://en.bitcoin.it/wiki/Multisignature.

12. Litecoin Project Community, "About LiteCoin," 2018. [Online]. Available: https://litecoin.org/.

13. J. Ray, "Ethereum (Whitepaper)," 26/05/2018. [Online]. Available: https://github.com/ethereum/wiki/wiki/White-Paper.

14. L. Chen, L. Xu, N. Shah, W. Shi, Z. Gao and Y. Lu, "Security analysis of Proof-of-Elapsed-Time (PoET)," In *SSS 2017*, Boston, MA, 2017.

15. M. Brandenburger, C. Cachin, M. Lorenz and R. Kapitza, "Rollback and forking detection for trusted execution environments using lightweight collective memory," In *Conference: 2017 47th Annual IEEE/IFIP International Conference on Dependable Systems and Networks (DSN)*, 2017.

16. K. Olson, M. Bowman, J. Mitchell, S. Amundson, D. Middleton and C. Montgomery, "Hyperledger Sawtooth (whitepaper)," 01/2018. [Online]. Available: https://www.hyp erledger.org/wpcontent/uploads/2018/01/Hyperledger_Sawtooth_Wh itePaper.pdf.

17. M. Milutinovic, W. He, H. Wu and M. Kanwal, "Proof of luck: an efficient blockchain consensus protocol," In *Middleware Conference*, Italy, 2016.

18. S. Dziembowski, S. Faust, V. Kolmogorov and K. Pietrzak, "Proof of space," In *International Association for Cryptologic Research (IACR)*, 2013.

19. gmaxwell, "Proof of Storage to make distributed resource consumption costly," 10/2013. [Online]. Available: https://bitcointalk.org/index.php?topic=310323.0.

20. P. Andrew, "What is proof of capacity? An eco-friendly mining solution," 31/01/2018. [Online]. Available: https://coincentral.com/what-is-proof-ofcapacity/.

21. S. Gauld, F. V. Ancoina and R. Stadler, "The burst Dymaxion," 27/12/2017. [Online].

Available: https://www.burst-coin.org/wpcontent/uploads/2017/07/The-Burst-Dy maxion-1.00.pdf.

22. P. Andrew, "What is Burstcoin?" 31/01/2018. [Online]. Available: https://coincentral. com/what-isburstcoin-beginners-guide/.

23. W. L. Heimerdinger and C. B. Weinstock, "A conceptual framework for system fault tolerance," Defense Technical Information Center, Technical Report CMU/SEI-92-TR-033, 1992.

24. L. Lamport, "Paxos made simple," *ACM SIGACT News*, vol. 32, no. 4, pp. 18–25, 2014.

25. L. Lamport, R. Shostak and M, Pease, "The Byzantine generals problem," *ACM Transactions on Programming Languages and Systems*, vol. 4, no. 3, pp. 382–401, 1982.

26. Hyperledger [Online]. Available: http://hyperledger.org/.

27. Hyperledger fabric [Online]. Available: https://github.com/hyperledger/fabric.

28. M. Castro and B. Liskov, "Practical Byzantine fault tolerance," In *Proceedings of the Third Symposium on Operating Systems Design and Implementation*, New Orleans, LA, 1999, pp. 173–186.

29. C. Cachin, "Architecture of the hyperledger blockchain fabric," In *Proceedings of ACM Workshop on Distributed Cryptocurrencies and Consensus Ledgers*, Chicago, IL, 2016.

30. Symbiont [Online]. Available: https://symbiont.io/.

31. Corda [Online]. Available: https://www.corda.net/.

32. Bessani, J. Sousaand E. E. P. Alchieri, "State machine replication for the masses with BFT-SMART," In *Proceedings of 2014 44th Annual IEEE/IFIP International Conference on Dependable Systems and Networks*, Atlanta, GA, 2014, pp. 355–362.

33. L. Lamport, "Paxos made simple," *ACM SIGACT News*, vol. 32, no. 4, pp. 18–25, 2014.

34. D. Ongaro and J. K. Ousterhout, "In search of an understandable consensus algorithm," In *Proceedings of 2014 USENIX Annual Technical Conference*, Philadelphia, PA, 2014, pp. 305–319.

35. Raft-based consensus for Ethereum/Quorum [Online]. Available: https://github.com /jpmorganchase/ quorum/blob/master/raft/doc.md.

36. Federated Consensus [Online]. Available: https://chain.com/docs/1.2/protocol/pape rs/federated-consensus.

第5章 区块链推进政府服务数字化转型

R. Sujatha, C. Navaneethan, Rajesh Kaluri, S. Prasanna

5.1 区块链概述

区块链依赖于连接各个区块的密码,每个区块保存前一个区块的加密哈希值、时间戳以及要传输的数据。分布式设置中的开放性是在对等网络的帮助下实现的,其主要理念是去中心化,不再需要第三方可信机构,每个节点(区块别名)都拥有区块链的完整副本。添加一个新交易,即添加一个区块,需要确保区块的数据都被添加到其他所有区块中,这样就保持了透明度。当与区块链技术集成时,数据便不可能被篡改,系统的工作即是完美的。加密安排有助于提高各种应用程序中数据交互的安全性。区块链限制的类型大致分为公共限制、私人限制和联盟限制。区块链在任何时候都能够提供可靠、不可变、不可撤销、透明的数据,且因不需要第三方,所以兼具低成本的特点。

区块链最初是一个流行词,在全球公共和个体部门的各个领域都有应用。2018 年 10 月,经济合作与发展组织(OECD)举行会议,讨论了区块链在公共部门的使用和限制。它清楚地提到,区块链正在呈指数级发展。根据伊利诺伊区块链倡议组织在 2018 年 4 月整理的会议数据显示,有 46 个国家的 203 个区块链倡议先后被提出。在这些倡议中,有少部分正在探索,有很多处于战略规划阶段,有一些处于原型或孵化状态,还有一些已经启动或正在运行。区块链积极广泛地被应用于公共部门,如交通管理、税收、投票、土地注册、医疗保健、身份管理、数字支付等,尤其是不涉及加密货币的支付系统很需要数字识别。

为了稳妥处理(因进出口导致的)大量投诉,促进一国的进出口贸易,选择一种科学合理的支付方式,将是一项艰巨而重要的任务,而基于区块链的数字识别技术,即将许可区块链作为所有交易进程中的某一监管节点,或将为政府提供一个可行的解决方案。

医疗卫生事业是所有发展中国家的头等大事,在这些国家中,有许多编制外的医生,以及大量无法录入医疗系统的纸质药方,且没有接受过教育国民占有相当大的比例。因此,能够维护和检索数百万人的健康记录,以便今后制定相应的保健计划,是一件很麻烦的事情,而区块链刚好可以为健康档案的维护和检索提供一个可持续的解决方案。

除此以外,许多监管机构和部门都可以并入一个区块链,为老百姓提供一个真正可信的平台,且不再需要任何中介干预。

区块链技术对于许多部门来说是一个可行的解决方案,因为它具有去中心化、分布式、自我管理的特性。尽管评论褒贬不一,但比特币作为先行者仍是一个成功的系统,全球各国都试图深度挖掘区块链技术的潜在价值。区块链 2.0 的连续改进和超级账本(声称是 3.0)已经解决了区块链的可伸缩性问题。因此,通过采用区块链技术,可以部署一个近乎"零消耗"、可持续、适应性强、去中心化的系统,而且几乎不需要政府的干扰。区块链还能确保监管机构不因中心化而完全失去对系统的控制权,为了处理异常,在区块链 3.0 中,监管者可通过特权共识机制强制执行操作。

5.2　交通管理领域的区块链

在许多发展迅速的发展中国家以及发达国家,有许多大都市和建有地铁的城市。这些国家正在寻找更好的方法来管理不断扩张的城市、遏制导致过度污染和交通拥堵等问题。在那些有完整流动性信息的城市,政府可能会为公共交通提供一个处理流动性问题的系统。然而,这种系统仅应用在政府批准的运输和出行服务上。世界上所有的城市地区都存在着巨大的、未统计的、处于动态的私家车,这是交管中心无法预测的。这问题将使得对集中公共交通系统评估不精确,因此市民可能会对此感到沮丧。很多国家都有规范良好的公共铁路和公路运输服务,目前也使用了一些网络和应用程序,以满足人们对智能出行的需求。但不幸的是,这类应用大多没有考虑到私家车车流量这一难以预测的因素,这将对现有智能移动系统功能产生影响。

夏尔马(Sharma)提出了一种可行的方法,能从本质上减少延迟,并解决可伸缩性、隐私和带宽问题。他们提出的混合架构具有去中心化和集中架构的额外优势,并且在提供的工作方案中证明了隐私和安全(夏尔马(Sharma)、帕克(Park),2018)。辛格(Singh)设计的主题是智能车辆(IV),通过利用区块链技术,在保证隐私的同时创建了一个可信的交流环境,它包含一个本地动态区块链,通过与主区块链进行比较来检查网络的可信赖性,整个分支过程也通过去分支和分支算法实现自动化(辛格(Singh)、基姆(Kim),2018)。朱凡奇(Chuvan-chi)提出了一种移动感知的数据方法(MADA),这个方案减少了数据分发,也减少了维护共享数据一致性的开销。鉴于安全时间和更新速度是决定移动的重要参数,因此,它通过减少需要重传的消息数量以及重复消息,使得维护数据一致性的任务得到简化(赖(Lai)、刘(Liu),2019)。

60

5.3　区块链用于税收场景

区块链是一种新兴技术,已引起源行业、初创企业、金融机构、供应公司、国家和国际政府等各种机构的关注。这些机构的目的是从不同的应用场景(如投票、税收和土地登记)来定义区块链,也使之具备了带来实质性福利和创新的潜在动力。来自世界经济的一个论坛已经承认区块链技术是即将到来的数字世界发展的主要趋势之一(贝克(Beck)等,2017)。

区块链技术的目标不是在连接的对等点之间建立一个集中的系统,而是让所有各方都能在安全的环境中轻松访问。存储在区块中的信息不需要是货币,可以是任何类型的数据。区块链通常适用于不同行业的多种业务领域,所有人都可以访问存储在其中的数据信息(维贾亚(Wijaya)等,2017)。

区块链流程的关键部分是在集合之间达成一致,将数据添加到现有的区块中。这一技术与集中协议的固有认知不同,它将框架整合在一起,用于引导合法性,并通过调和组件来确保额外区块包含数据的真实性。

5.4　区块链改变间接税

几年前,还没有一个与财政税收相关的区块链词汇。近年来,投资者和专业人士一直致力于在金融应用领域使用区块链(贝克(Beck)等, 2017;博克罗夫斯卡亚(Pokrovskaia), 2017)。金融领域相关部门,如贸易、银行和交易所,也都在密切关注着金融区块链的发展。目前,区块链已经在数字支付平台上开展了一些试点项目,未来更多的应用程序将会涌现出来。税务部门的专业人员有以下疑问。

(1) 分布式系统的分类账是否消除了对发票的需求?

(2) 政府政策将如何对个人加密货币征税和退税?

(3) 能否代替报关行等报关企业进行自动报关?

各国的税收政策及其问题各不相同。为了实现个人报税,税收系统总是遇到一些复杂的问题。了解税收制度和税法的人也不能准确地执行,因为每次税法的规定也会发生变化。随着法规的增加,税收的复杂性也不断增加(施万克(Schwanke),2017)。税收是从个人和商人收取的利润,他们在一个财政年度也有一些其他特定税种,如消费税、营业税和增值税(VAT)。

消费税、增值税等税收是当地政府的重要收入来源(安斯沃思(Ainsworth)、维塔萨里(Viitasaari), 2017;安斯沃思(Ainsworth)、维塔萨里(Viitasaari), 2016),并随着被征收的项目或管理变化而变化,就像他们所在地区所连接的区域一样。这类税收很难由行政机构和相应纳税人监督。有时这些开支的很大一部分没有完成支付,使得政府部门无法获得一些真正必要的资金(布达什(Budish), 2018)。由于评估和合法框架的复杂性与不确定性,再加上政府部门未能有效监管这些行为,导致各种高收购性因素往往仅需支付极低的监管费用,但有许多人为此付出了高昂的代价。

区块链在税收领域非常重要,且容易产生许多积极的改变,税收系统的效率将提高,每个个体的税收账户将得到保障。图 5.1 展示了区块链在税收制度下的工作模型。通过以下承诺,区块链税收将是革命性的。

(1) 任何人都不能修改或干扰各自区块链系统的已提交区块。

(2) 不可变性创造了货币的来源,从而使纳税计算变得容易。

(3) 通过检查所拥有资产的资金和所有权,可以透明地启用网络系统。

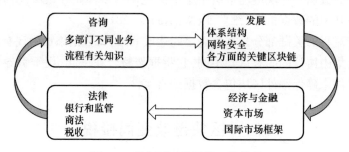

图 5.1　税制下区块链的工作模型

5.5　区块链用于投票场景

在过去的 25 年里,密码学家制定了决策惯例,确保选举结果的透明性,这些结果将完全由观众进行监管(爱迪达(Adida), 2008)。在确保合理的表述和反映命中诉求方法中,通过投票表决非常被看重,但其可能很难准确有效地对每个选民的资格和真实性进行监控,从而引起密码学家的兴趣。关于这一点,同样存在着各种问题,使许多人无法任意投票,使得投票结果缺乏直接性,且难以听到不同的声音。

一个电子投票框架必须制定周密的安全措施,以确保选民能够使用它,它必须确保不受外部影响(如改变选票),必须保护公民的选票不被篡改。许多自动投票框架都依赖洋葱路由来隐藏选民的身份(阿伊德(Ayed), 2017)。投票过程通常是去中心化的,这意味着,不需要第三方可信机构来组织网上选举。之前,许多投票制度都是中央集权制,数据库习惯性地由一个单独协会保管,该协会对数据库有无限的监督权,包括改变已储存信息的能力,拒绝对信息合法更改的能力,抑或欺骗性地总结概括信息的能力。

近年来,许多传统的投票系统、公钥加密元素和盲签名定理被应用在选民与选票之间(舒维(Chaum),1981)。根据爱沙尼亚的投票制度(I-Voting System)(特鲁布(TRUEB),2013),投票完全可以通过使用互联网和有效的居民身份证完成。在这个过程中,如果投票者尝试投几次票,那么,最后的投票将被考虑。最后,数据将存储在选举服务器中。

截至目前,基于区块链的去中心化电子投票是潜在的探索领域(麦考里(McCorry)等,2017)。一些基于区块链的投票框架逐步得到应用。尽管如此,它们中的大多数人只是利用区块链作为投出选票信息的手段,待小规模应用投出选票后,在第一个比特币程序中使用开放密钥位置,并且应用于客户安全保险之中。

图5.2表示对来自新投票者和前一个投票者的信息使用哈希函数HAS-256来形成一个新区块。通过与加密链一起形成其他新区块,可以进一步继续相同的过程(图5.3)。

图 5.2 形成投票系统的新区块

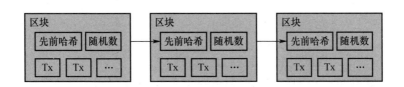

图 5.3 系列区块

广场上的主要交换将是一个与选民对话的特殊交流(埃文斯(Evans)、保罗(Paul),2004)。一旦交流开始,将申请人的名字作为第一个区块,每个人都会投票赞成特定竞争对手。与其他交易所不同,机构不会考虑投票。它将只包含申请人的标签(诺扎特(Noizat),2015;赖特(Wright)、赖特德菲利比(De Filippi),2015)。在电子投票方面,区块链投票架构允许持不同意见的选民投票,选民可在其中进行明确的投票,以表达对所有选项的失望或拒绝现有的政治架构。每次单独的投票都会被记录下来,并且区块链将被恢复。

从一开始,我们的公众就在不断进步和觉醒,最根本的是,我们要创新技术来确保我们的选票会像预期的那样安全(王(Wang)等,2018)。最理想的方法是研究挖掘区块链的潜在用途,不断改进总体的决策程序。这将消除对专家检查和合法化投票的依赖(尼法图尼萨(Hanifatunnisa)、拉哈尔佐(Rahardjo),2017)。相反,去中心化记录可以做到了这一点,从而保证每一票都是真实和可靠的。这可能需要取得所有人理解,并积极使用区块链,我们也相信随着民众的认识不断进步,这些都是可以实现的。

5.6　区块链用于土地登记场景

在各种区块链应用中,土地注册和结算是公共设施中常见的事情,如土地数据、实体状态和相关权利可以通过区块链注册并确权。此外,可以在区块链上记录并监督在土地上进行的每项交易进展,如土地交换或房屋贷款,从而提高公共行政的效率(郑(Zheng)等,2016)。"土地行政管理是在实施土地管理政策时确定,记录和传播有关土地所有权、价值和用途信息的过程"(联合国欧洲经济委员会,1996)。

如果所有权是通过持有权利的工具来理解,那么,同样可以讨论土地居住权。土地居住权反映了一种关于特定权利的社会关系;它代表着在特定区域内个体之间的联系,土地被合法地视为一个实体(阿南德(Anand)等,2016)。这些权利在基本层面上是有资格被征召的,因为要赋予已登记权利以特定的合法性。

基于区块链的土地资料库框架似乎可以为这些问题提供答案,对这些国家面临的真正考验极有可能是权利持有人可识别的基础证据和实物所有权的产生,当意识到谁是特定权利的真正所有者时,与之绑定的责任也随之交换(沃斯(Vos)等,2017),(特米斯托克莱斯(Themistocleous),2018),但区块链不会认可这一底层逻辑。区块链计划作为相互信任的共同源泉,拒绝(受到质疑的)行政集群和银行。然而,它需要一个空白的阶段,且需每个人都承认的一个起步阶段。这个阶段将被放置在区块链的初始阶段。因为没有信任的基础,这个开始阶段可能是这些国家的问题,因此不会得到每一个投资个体的同意。在这种情况下,基于区块链的土地资料库是行不通的(斯旺(Swan),2017)。图5.4显示了土地注册处区块链的架构。

区块链的目的是保证从一次聚集开始,然后进入下一次聚集,进行具有重大价值的高级交换。高级数据的一个问题是,它们往往会被复制:当某人拥有一张音乐唱片并将其发送给另一个人时,这两个人就拥有了一份音乐文件的副本(麦克默伦(McMurren)等,2018)。对于数据共享来说,尽管没有许可证,工匠也没有得到任何补偿,但这项工作非常有效(托马斯(Thomas)、黄(Huang),2017)。对于重要价值的交换,它不能被简单的复制。当一个人给了另一个人一定数量的现金时,这个人不能仅得到一部分现金,现金的使用责任也必须互换。传统方法是设立一个可靠的第三方以监控现金,大部分情况下由银行完成,而区块链则需通过保持系统

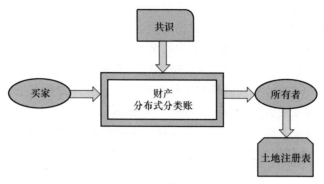

图 5.4　土地注册处区块链的架构

中所有成员都可以访问所有的交易记录来处理双花问题(拉姆亚(Ramya)等,2018)。

区块链通过去中心化交易的处理,使这一过程变得简单,从而构建信任。在现在社会中,我们通过在聚会中建立信任来进行交流,并通过其他聚会中信任的人来实现管理规则(沃斯(Vos),2016)。这些在框架中安排信任的方法处于一个非常基本的层次上。值得注意的是,许多框架比区块链提供的信任更可靠。例如,比特币没有专家来处理现金估算,而对于大多数国家银行支持的货币标准来说,都有此方面的专家。

5.7　医疗保健领域的区块链

如今,人们已经认识到保持数据的安全是必不可少的。区块链能帮助我们保持数据安全,允许健康记录数据在我们需要的任何时候被移动,而不会进行任何非法活动(如伪造、盗窃和恶意篡改)。区块链可以逐块存储数据,这些数据后来连在一起形成一条"链",就像一条食物链。区块链基于点对点网络、级联加密和分布式数据库,具有匿名性和记录不可逆性。医疗保健领域的区块链技术涉及各种应用程序,特别是保存着可以随时被管理人员访问的患者信息。这里,区块链能确保即使患者本人也无法访问他们的记录。除了数据的安全性和互操作性,区块链还可以提供低成本的服务。医院使用的设备都在区块链上更新,在数据丢失时依然可以使用。根据医疗保健方面的考虑,区块链将采取这种行动,即使我们可以在世界上任何地方共享这些数据,但区块链的机密性确保不丢失患者资料。此外,当任何新药投放市场时,区块链可加快资源和开发流程。因此,区块链在未来可能会带来颠覆性的变化(萨迪库(Sadiku)等,2018)。

电子病历(EMR)的制作和维护是医疗系统的重要资源之一。基本上,电子病历会提供诸如患者的治疗历史、个人信息和医生信息等详细信息。尽管这些详细信息以电子病历安全模式存储，但数据还是会被盗。电子病历有一个优点就是其记录功能，可以在没有任何安全保证的情况下从一个地方交换到另一个地方，在不同的医疗机构间共享。但是利用区块链进行记录共享有助于保护系统的隐私和高安全性。阿南(Ananth)等在其研究工作中提出了一种保持数据安全不变的方法，称为双树复小波变换方法(阿南(Ananth)等,2018)。

（1）初级保健。此措施设置有相关医生和诊断技术的详细信息，用于收集患者的健康状况，如任何疾病的症状、患者面临的任何其他问题，以及以往的医疗细节历史。

（2）跨学科转诊。这种措施的主要目的是使医院院长、医生或任何其他医疗保健提供者，能够就患者的医疗保健进行交流。

（3）多学科方法。集思广益，共同实现治愈病人疾病的目标。

电子健康记录系统可在特定组织创建维护的机构内部使用，但这种方法不适用于那些正在转院或寻找新医院的人。如果患者的详细信息不在他们想就诊的医院范围内，就会出现这种问题，这意味着，患者会因不得不去原来的医院而感到失望和不便。为了克服这个问题，我们应该利用先进的区块链技术。这项先进技术包括3项业务，即信息保密、准确性和随时可用的信息。在区块链中，当用户更改任何信息时，成员将用代码验证信息的准确性。一旦数据存储在记录中，患者既不能删除数据，也不能编辑记录中的数据。

这里使用以下两种方法来存储和操作电子病历中的数据。

（1）研究工具。所使用的联盟区块链类型的样本业务模型。通过这种方法，如果有任何新患者加入一个电子病历系统，他们可以允许其成员通过网络访问记录。

（2）受访者的选择。确定患者和医生，并回答问卷。

为了分析患者与区块链接受度模型之间的关系，我们使用了多元回归方法，这种接受模型已被用于医院的电子病历系统(Wanitcharakkhakul、Rotchanakitumnuai,2017)。

从防止数据被他人窃取的角度来看，想要保障医疗保健中的数据隐私非常困难，尤其基于称为"智能环境辅助生活"环境的区块链技术。通过使用区块链技术，我们可以确保患者数据的安全，只有经过授权的机构才能访问这类数据。在这个过程中，个体护理过程有助于收集患者的既往病史和目前的医疗状况，可使用的3种方法是：认知安全影响评估、区块链数据隐私和保护、个人权利和信息保护。为了在医疗保健中实现区块链技术，目前已采用了多种模型并考虑了许多因素，使用超级分类账框架深度学习加速器(Hyperledger Fabric DLA)方法可在环境中获取安全性，像谷歌和微软这样的顶级软件公司以及 IEEE 举办的许多会议都参与了临床医疗安全的保障工作。区块链技术在医疗系统的记录保存方面达到了无与伦比的安全性。

为了改善医疗保健系统,降低成本和复杂性,我们应该效仿区块链科技保险公司。爱沙尼亚政府已分步改善商业部门和政府部门的医疗保健系统,该国政府制定了一项创新战略,即在全国范围内实施区块链技术,他们展示了政府与科技合作的过程。这个国家的人口逐年增加,对医疗保健系统提出了更大的要求(不仅需求在增加,药物的成本也在增加),为了解决这一问题,爱沙尼亚政府在 2011 年推出了一项名为"区块链的政府科技伙伴关系"创新计划,该方法在区块链中引入了专有的无密钥签名以确保记录的安全性,并授权各方的可用权力。这个基于区块链的医疗记录系统有一些优点,如它的可扩展的、安全的记录系统。因其分布式特性,区块链可以与授权方轻松共享数据。区块链记录是不可变的,因此区块链改进了数据审计方法。

区块链技术使用大数据的目的是使信息具有可移植性,或者如果有第三方需要大数据,它将给予第三方访问权限。医疗行业以价值为基础开展业务,这将有助于预防疾病、识别传染病等,并能影响改变每个人的生活方式。为了管理复杂的医疗行业数据,分析工具有助于简化过程并提高医疗实践的效率,并确保工作流程准确。区块链技术始于一个专用于决策的可信生态系统,在这里区块链还包含一个有助于验证数据集更改的时间戳,允许一个或多个用户(即使他们出于任何目的编辑文档)管理电子健康记录数据。以前,患者不能共享他们的个人数据,但现在甚至可以与新成员安全地共享他们的数据,因为区块链技术使用了一个时间戳作为身份验证,使患者记录详细信息更加安全。在这种类型的方法中,如果任何患者的数据丢失或崩溃,这些数据将很快更新,如果任何攻击者攻击这些数据,最终攻击者都会大概率面临失败或被拒绝,因为在这个过程中经历了系统的多次验证。即使我们使用当前的技术来保证数据的安全或者保持隐私,仍然面临一定的困难,当我们使用大数据技术来帮助保持数据安全时,有时我们也会破坏个人数据,对于这类问题,区块链可能是一个最佳的拟合模型。当我们将数据划分为多个类别时,区块链大数据为用户和医院管理提供了安全保障(希尔帕(Shilpa)等,2018)。在过去,所有记录都是用手写格式创建的,而现在医疗保健领域出现了一种新的趋势,即以数字图表的形式生成报告和数据,这种新的电子病历和电子健康档案的制作方法取代了以往烦琐的纸质图表制作。为了保证电子记录的安全,有一种协议是基于医疗保险可携性和责任法(HIPAA)安全规则的,该协议保护健康记录不受病毒攻击,从而使记录得到保密。有两种不同的方法用于保护区块链中的数据:一个是 Moti 模型;另一个是 Enigma 模型。区块链中的 Moti 模型保证了数据的安全,只允许通过身份验证的用户访问;Enigma 模型可组织整个医疗健康记录,其中包括分布式网络中的私人信息,只有一方所有者可以解密(丹尼尔(Daniel)等,

2017)。

医疗保险中的区块链技术可能为医疗卫生行业提供一个新的解决方案,该方法基于一个框架,为保险索赔提供了一个高效且无欺诈的解决方案,这个框架是基于一个名为"以太坊"的开源区块链软件设计,这个身份验证过程依赖于网上各方的参与。将区块链纳入医疗保险可以减少处理所需的时间和成本,但尚存在技术上的挑战。为了避免技术上的问题,区块链不能解决数据标准化问题,只能在可信网络中提供实时的数据共享。在这种类型的区块链(医疗保险)中,最初在先前创建的框架中测试了3种类型的节点。区块链框架是以太坊 solid v4.0.31,但合约是先前写好的。实验配置需要乌班图(Ubuntu) 64 位,英特尔(Intel) i5 处理器和随机存取存储器(RAM), 15.6 GB 和15Mb/s 的局域网速度。实验成功后,以太坊给出了不同网络的不同确认时间以及智能合约等结果。在实施这一提议的方法时,借助分布式文件系统(IPFS),将同一框架用于同一框架环境中的不同应用程序(斯拉文(Sravan)等,2018)。

尽管区块链为政府部门提供了大量的电子服务,但它在使系统更安全可靠、向用户提供身份验证和长时间保存数据方面缺乏标准。在印度,将区块链应用于公共服务是一个巨大的挑战。印度的一些邦已经开始在其政府服务中采用基于区块链的信息技术。创建基于区块链的医疗保健,使其应用于公共服务,可能具有一定的挑战性,但当与上述流程相比,卫生公共部门更关注患者的健康信息或健康记录将发生的重大改变。由于集中化的过程,记录或信息受到了批评。公共部门在各地发展区块链的问题主要是缺乏平台可用性,这是我们不能在全国范围内发展的主要原因,且尝试开发意味着高成本。在公共部门发展时,区块链的安全系统是另一个标准,该安全系统需要以下类型的安全数据安全(记录、信息):物理安全、用户-提供者密钥-密钥安全和风险管理。上述类型的安全性确保了存储在医疗保健部门的记录或信息的可信任性(纳瓦德卡尔(Navadkar)等,2018)。

通过云计算和物联网技术创新地引入区块链技术可提供更多的网络功能,并且提高了计算能力。

5.8　金融领域的区块链

动态商业模式是数字技术的新生力量,并将逐渐成为世界范围内的一个焦点。在印度,区块链技术在很多行业都引起人们的极大兴趣。一些银行交易也使用了通过案例和区块链进行适配性评估。各银行和财务处需要逐一执行 KYC(了解客户)方法,将有效数据和文件传输到中央登记处,通过使用唯一ID,银行可以访问存储的数据,以便在客户要求同一银行关系内或来自另一银行的新服务时可按需提供服务。在介绍银行和金融领域对区块链的需求之后,区块链提供的所有解决方案、使用案例或流程都有哪些是区块链可以发挥关键作用的呢？首先是区块链的接近实时性，即区块链技术能够实现记录交易近乎"零延迟"结算，并且能消除摩擦、降低风险；其次是没有中介，即区块链技术是基于加密证明而不是信任，允许任何双方直接进行交易，不需要可信的第三方；最后是区块链的不可逆性和不变性，即区块链包含了每笔交易特定的和可验证的记录，这可以防止过去的区块被修改，进而防止重复消费、欺诈、滥用和操纵交易等问题发生（珍妮（Jani），2017）。

这篇文章探讨了由于技术快速发展，金融服务业可能发生的一些颠覆性变化。本文简要介绍了采用这种新技术所面临的监管挑战。许多政策制定者正试图更好地了解比特币或其他加密货币的使用在其管辖范围内积聚势头的可能性。他之前提到，法律和规则很可能被编入区块链本身，以便自动执行。在其他情况下，分类账可以作为访问（或存储）数据的法律证据，因为它不能被更改（特劳特曼（Trautman），2016）。

5.9 身份管理领域的区块链

该工作基于分布式分类账技术（DLT），由此衍生身份管理的新方法，以促进数字身份的使用。这些方法促进了各种交易的去中心化、透明度和访问控制。在这里，他们引入了快速增长的分布式分类账技术和数学数字存储器（IDM），并评估了3个提议。

（1）支持。这种去中心化的标识为所有涉及的实体提供了去中心化的标识。

（2）ShoCard。它有助于面部身份验证和在线互动。

（3）Sovrin。它在分布式分类账技术的帮助下以去中心化的方式管理身份。

通过使用开创性框架，它描绘了数学数字存储器方案的特征。

分布式分类账技术结合先前提出的数学数字存储器有许多优点。

（1）去中心化。所提供的身份数据不应由单个机构拥有或控制。

（2）防篡改。这里的历史活动是透明的。

（3）包容性。可以构想引导标识，它减少了排斥。

（4）成本效益。通过共享身份数据，可以显著降低成本。

（5）用户控制。用户一旦获得数字控制标识符就可以保留而不会丢失。

对基于分布式分类账技术的数学数字存储器方案提供的涉法问题进行了评估。

（1）用户控制和同意。信息应在用户同意的情况下披露。

（2）披露最低使用要求。提供必要的数据。

（3）正当当事人。收集的信息在当事人之间共享，他们有权在交易中使用这些信息。

（4）定向身份。为了共享信息，必须在公共场合给予支持。

（5）针对重复操作和技术的设计。每个身份方案都必须有一个解决方案。

整合人性化。用户的体验必须与用户的需求和期望水平相匹配，只有这样他们才能在系统中轻松地交互。

比如，环境的常规体验。用户的体验应该具有跨安全环境的一致性。

需要解决用户元素中存在的模糊性（阿里（Ali）等，2016）。

该身份识别系统在超级分类账框架（Hyperledger Fabric）的帮助下实现，解决了身份识别的隐私问题，就会使得身份识别的共享过程变得更加容易。针对目前的系统存在代理等问题，区块链可能是这些身份问题的解决方案。

超级分类账（Hyperledger）是一个开源的区块链。它是一个保密的、有弹性的、灵活的和可伸缩性的平台。这个系统是私有的，超级分类账框架网络（Hyperledger Fabric network）的员工在会员服务提供商（MSP）中注册，它有一个分类账子系统，其由两个部分组成。

（1）世界状态。在给定的时间段内描述分类账状态。

（2）交易日志。通过记录每个交易来获取当前的世界状态。

这个身份管理系统的安全问题非常敏感。存储的个人数据可能由第三方拥有。该系统解释了个人云的概念，用户将信息透露给不同的服务提供商，而不是处理一整套个人信息。它允许以下组件。

（1）共识。

（2）会员服务。

客户端应用程序将使用部署在服务器上的引导 HTML、CSS 和 JS 构建。

它可以代替关系数据库，如 MySQL、Oracle，而不是内存数据库，它可以使用一个 ID 进行所有访问，而不是限制应用程序，这也将使其更加优化。它提供了一个更安全、不可变且方便用户的系统（郑（Zheng）等，2017）。

该系统提出了一种针对身份管理和授权服务中断的种子（BT）设计方案。互联网没有一个识别个人和机构的协议。我们都听说过比特币、以太币和其他加密货币，它们让人们能够匿名进行安全可靠的支付和交易。这些加密货币的核心是区块链技术，这是一个去中心化的数据库，记录了从开始到现在的所有交易。整个网络中的所有区块，在不断地验证它的完整性，而非通过银行或政府这样的中心实体。通过这种方式，用户不需要一个可信的中心实体，其安全性可由参与区块链的整个网络的强度和计算能力来得到保证。

身份管理（IDM）是指创建和维护用户账号的管理区域与标准。它需要健全的身份治理方案来管理在线服务的身份问题，需要身份管理来改变用户配置方法，使新用户能够访问在线服务，取消配置用户以确保只有合法的用户才能访问服务和数据。身份管理分为不同的类型，分别是独立身份管理、联合身份管理和自治身份管理。在独立的身份管理中,用户不知道自己的身份记录,身份提供者可能会撤销或滥用身份记录。在联合身份管理中,用户的账户由身份提供者独立管理,不需要集成企业目录。在自主身份管理中,用户应该能够控制自己的身份。这种新机制的发现,为服务提供商创建了一个安全的平台,可以对没有任何失败条目的用户进行身份验证,并防止用户数据受到攻击和泄露。区块链身份管理和认证方案设计上是去中心化和分布式的,降低了部署和维护成本。另一方面,与区块链网络的前提部署不同,区块链即服务(BaaS),允许消费者继续使用基于云的解决方案来构建、托管和使用他们自己的应用程序和区块链智能合约。

区块链可以为在线服务提供商提供一个安全的平台来认证用户,这项技术还可以帮助恢复用户的信任。用户应该完全控制谁可以使用他们的数据,以及一旦获得访问权限,他们可以对数据做什么(林(Lim)等,2018)。

5.9.1 数字支付中的区块链

本节提供有关最新数字支付的信息。重点介绍了比特币的运行机制、区块链技术并描述了这种应用的范围。在电子支付系统中:

(1) 简化了支付机制;

(2) 简化了还债程序;

(3) 解决了以银行利率兑换本国货币的困难;

(4) 克服了货币运输中的问题;

(5) 财产安全得到保证。

该系统主要实现了组织发行数字货币,创建并实施新的发行方法,并为金融交易提供条件,不同的电子支付系统发行自己的货币。电子货币是指传统货币和非国家私有货币的存储和转移系统。

电子货币的分类:

(1) 智能卡;

(2) 网络。

比特币是一种数字货币,它是以加密形式存储的交易,具有特定的金融交易条件,没有关于比特币数量的单独记录。在加密货币中,公钥和私钥用于将货币从一个人转移到另一个人。由此可知,密钥的唯一所有者能够控制比特币(Tschorsch、Scheuermann, 2016)。

美国 FinCEN 局(译者注:美国财政部所属机构金融犯罪执法网络)提出了各种措施来监控不同加密货币交易所的交易。它还建议采取措施,限制汇率差异和矿工产生的收入。为了征收所得税,比特币的收入被视为财产。澳大利亚税务局(ATO)鼓励使用加密货币,因为他们的法律没有限制公民对货币的选择。机场和一些商店接受它们作为法定货币,这就允许了票据的匿名性,避免了中间人。由于人口较少,这种方法非常适合。从 2013 年底开始,瑞士政府将加密货币视为另一种外币。区块链技术被广泛应用于贸易交易所、银行、交易所等金融服务领域。日本被确定为加密货币协议的起源国,在这里,比特币被批准为法定货币,它也是第一个对此类交易实施监管控制的政府。然而,区块链技术在各个政府部门被大量采用,这有助于它们避开中介机构(阿纳斯塔西娅(Anastasia), 2018)。

在商户、持卡人、发卡银行、商户银行和任何中间卡处理机构之间的信息交换经过大量验证后,以卡交易支付结束,采用区块链技术进行记录所有的交易。在区块链技术中,我们有两种类型的区块链,它们是私有链和公有链。私有区块链利用具有内置哈希指针的链表,这些哈希指针用于以明确定义的方式记录担保交易(戈弗雷(Godfrey)、韦尔奇(Welch)等,2018)。

在公有链中,任何用户都可以加入、合并和发布交易。当所有节点彼此未知时,它是一个无许可或无状态的区块链。一个可识别的公有链的实例是比特币。公有链被认为是分布和维护更大规模的账本,因此需要更多的计算资源。私有链提供网络需求,应该由网络运营商或由网络运营商就地设置的一组规则进行验证。当所有写节点都已知时,它是一个有权限的区块链(贾亚昌德兰(Jayachandran), 2017)。

区块链在数字支付中的主要好处是减少交易参与者、减少交易处理时间、使用单一加密交易账本、提高数据完整性和降低交易费用。主要的限制和风险是延迟、性能(运行时/实时)、吞吐量、区块的大小和卡存储。主要风险是证书丢失或被盗、网络可用性、网络完整性和信任。

总之,通过应用这种去中心化技术,可以显著减少政府的负担。这可能会导致完全的虚拟治理,在这种情况下,整个管理机制可以在没有任何手动干预的情况下履行其职责,并且可以在任何时间出于任何原因对其进行审计。宽容的区块链和无国籍的区块链如果恰当地结合起来,则可能会产生一个完全民主的政府,其中没有中央权力,完全消除腐败、偏见和权力滥用。此外,运行政府活动的成本将大幅削减,这反过来可能通过大幅削减直接和间接的税费,使得该国人民受益。这将导致政府赚取的大部分钱用于减少失业和其他社会福利计划。再过 20 年,由于这种颠覆性的技术,许多快速增长的国家可能会加入发达国家的行列。

参 考 文 献

Adida, B. (2008, July). Helios: Web-based open-audit voting. In *USENIX Security Symposium* (Vol. 17, pp. 335–348).

Ainsworth, R. T., & Shact, A. (2016). Blockchain (distributed ledger technology) solves VAT fraud. Boston Univ. School of Law, Law and Economics Research Paper, (16–41).

Ainsworth, R. T., & Viitasaari, V. (2017). Payroll tax & the blockchain.

Ali, M., Nelson, J., Shea, R., & Freedman, M. J. (2016). Blockstack: A global naming and storage system secured by blockchains. In *2016 {USENIX} Annual Technical Conference ({USENIX}{ATC} 16)* (pp. 181–194).

Anand, A., McKibbin, M., & Pichel, F. (2016). Colored coins: Bitcoin, blockchain, and land administration. In *Annual World Bank Conference on Land and Poverty*.

Ananth, C., Karthikeyan, M., & Mohananthini, N. (2018). A secured healthcare system using private blockchain technology. *Journal of Engineering Technology, 6*(2), 42–54.

Anastasia. (2018, May 30). Top 5 countries embracing the blockchain technology. Retrieved from Yogita Khatri. (2019, Janurary 17). Wyoming blockchain bill proposes issuance of tokenized stock certificates. Retrieved from https://www.coindesk.com/wyoming -blockchain-bill-proposes-issuance-of-tokenized-stock-certificates.

Ayed, A. B. (2017). A conceptual secure blockchain-based electronic voting system. *International Journal of Network Security & Its Applications, 9*(3), 01–09.

Beck, R., Avital, M., Rossi, M., & Thatcher, J. B. (2017). Blockchain technology in business and information systems research.

Budish, E. (2018). The economic limits of Bitcoin and the blockchain (No. w24717). National Bureau of Economic Research.

Chaum, D. L. (1981). Untraceable electronic mail, return addresses, and digital pseudonyms. *Communications of the ACM, 24*(2), 84–90.

Daniel, J., Sargolzaei, A., Abdelghani, M., Sargolzaei, S., & Amaba, B. (2017). Blockchain technology, cognitive computing, and healthcare innovations. *Journal of Advances in Information Technology, 8*(3).

Evans, D., & Paul, N. (2004). Election security: Perception and reality. *IEEE Security & Privacy, 2*(1), 24–31.

Godfrey-Welch, D., Lagrois, R., Law, J., & Anderwald, R. S. (2018). Blockchain in payment card systems. *SMU Data Science Review, 1*(1), 3.

Hanifatunnisa, R., & Rahardjo, B. (2017, October). Blockchain based e-voting recording system design. In *2017 11th International Conference on Telecommunication Systems Services and Applications (TSSA)* (pp. 1–6). IEEE.

Heston, T. (2017). A case study in blockchain healthcare innovation.

Jani, S. (2017). Scope for Bitcoins in India.

Jayachandran, P. (2017, May 31). The difference between public and private blockchain. *IBM Blockchain Blog*.

Lai, C. C., & Liu, C. M. (2019). A mobility-aware approach for distributed data update on unstructured mobile P2P networks. *Journal of Parallel and Distributed Computing, 123*, 168–179.

Lim, S. Y., Fotsing, P. T., Almasri, A., Musa, O., Kiah, M. L. M., Ang, T. F., & Ismail, R. (2018). Blockchain technology the identity management and authentication service disruptor: A survey. *International Journal on Advanced Science, Engineering and Information Technology, 8*(4–2), 1735–1745.

McCorry, P., Shahandashti, S. F., & Hao, F. (2017, April). A smart contract for boardroom voting with maximum voter privacy. In *International Conference on Financial Cryptography and Data Security* (pp. 357–375). Springer, Cham.

McMurren, J., Young, A., & Verhulst, S. (2018). Addressing transaction costs through blockchain and identity in Swedish land transfers.

Mendes, D., Galvão, H., Eiras, M., & Lopes, M. (2017). Clinical process in blockchain for patient security in home care. *Journal of the Institute of Engineering, 13*(1), 37–47.

Navadkar, Vipul H., Nighot, Ajinkya, Wantmure, Rahul. (2018). Overview of blockchain technology in public /government sectors. *International Research Journal of Engineering and Technology, 5*(6).

Nguyen, B. (2017). Exploring applications of blockchain in securing electronic medical records. *Journal of Health Care Law & Policy, 20*, 99.

Noizat, P. (2015). Blockchain electronic vote. In *Handbook of Digital Currency* (pp. 453–461). Academic Press.

Pokrovskaia, N. N. (2017, May). Tax, financial and social regulatory mechanisms within the knowledge-driven economy. Blockchain algorithms and fog computing for the efficient regulation. In *2017 XX IEEE International Conference on Soft Computing and Measurements (SCM)* (pp. 709–712). IEEE.

Ramya, U. M., Sindhuja, P., Atsaya, R. A., Dharani, B. B., & Golla, S. M. V. (2018, July). Reducing forgery in land registry system using blockchain technology. In *International Conference on Advanced Informatics for Computing Research* (pp. 725–734). Springer, Singapore.

Sadiku, M. N., Eze, K. G., & Musa, S. M. (2018). Blockchain technology in healthcare. *International Journal of Advances in Scientific Research and Engineering, 4*.

Schwanke, A. (2017). Bridging the digital gap: How tax fits into cryptocurrencies and blockchain development. *International Tax Review*.

Sharma, P. K., & Park, J. H. (2018). Blockchain based hybrid network architecture for the smart city. *Future Generation Computer Systems, 86*, 650–655.

Shilpa, Sharma, R., Singh, S. (2018). Big data analytic on blockchain across healthcare sector. *International Journal of Engineering and Technology (UAE), 7*(2.30), pp. 10–14.

Singh, M., & Kim, S. (2018). Branch based blockchain technology in intelligent vehicle. *Computer Networks, 145*, 219–231.

Sravan, Nukala Poorna Viswanadha, Baruah, Pallav Kumar, Mudigonda, Sathya Sai, and Phani, Krihsna. K. (2018). Use of blockchain technology in integrating health insurance company and hospital. *International Journal of Advances in Scientific Research and Engineering, 9*.

Swan, M. (2017). Anticipating the economic benefits of blockchain. *Technology Innovation Management Review, 7*(10), 6–13.

Themistocleous, M. (2018). Blockchain technology and land registry. *The Cyprus Review, 30*(2), 199–206.

Thomas, R., & Huang, C. (2017). Blockchain, the Borg collective and digitalisation of land registries. *The Conveyancer and Property Lawyer* (2017), 81.

Trautman, L. J. (2016). Is disruptive blockchain technology the future of financial services.

Trueb, B. A. (2013). Estonian Electronic ID–card application specification prerequisites to the smart card differentiation to previous versions of EstEID card application.

Tschorsch, F., & Scheuermann, B. (2016). Bitcoin and beyond: A technical survey on decentralized digital currencies. *IEEE Communications Surveys & Tutorials, 18*(3), 2084–2123.

United Nations. Economic Commission for Europe. (1996). Land administration guide-

Trueb, B. A. (2013). Estonian Electronic ID–card application specification prerequisites to the smart card differentiation to previous versions of EstEID card application.

Tschorsch, F., & Scheuermann, B. (2016). Bitcoin and beyond: A technical survey on decentralized digital currencies. *IEEE Communications Surveys & Tutorials, 18*(3), 2084–2123.

United Nations. Economic Commission for Europe. (1996). Land administration guidelines: With special reference to countries in transition. United Nations Pubns.

Vos, J. (2016). Blockchain-based land registry: Panacea illusion or something in between? In *IPRA/CINDER Congress*, Dubai.

Vos, J., Beentjes, B., & Lemmen, C. (2017, March). Blockchain based land administration feasible, illusory or a panacea. In *Netherlands Cadastre, Land Registry and Mapping Agency. Paper Prepared for Presentation at the 2017 World Bank Conference on Land and Povertry,* The World Bank, Washington, DC.

Wang, B., Sun, J., He, Y., Pang, D., & Lu, N. (2018). Large-scale election based on blockchain. *Procedia Computer Science, 129,* 234–237.

Wanitcharakkhakul, L., & Rotchanakitumnuai, S. (2017). Blockchain technology acceptance in electronic medical record system.

Wijaya, D. A., Liu, J. K., Suwarsono, D. A., & Zhang, P. (2017, October). A new blockchain-based value-added tax system. In *International Conference on Provable Security* (pp. 471–486). Springer, Cham.

Wright, A., & De Filippi, P. (2015). Decentralized blockchain technology and the rise of lex cryptographia. Available at SSRN 2580664.

Zheng, Z., Xie, S., Dai, H., Chen, X., & Wang, H. (2017, June). An overview of blockchain technology: Architecture, consensus, and future trends. In *2017 IEEE International Congress on Big Data (BigData Congress)* (pp. 557–564). IEEE.

Zheng, Z., Xie, S., Dai, H. N., & Wang, H. (2016). Blockchain challenges and opportunities: A survey. Work Pap.–2016.

第6章 区块链和社交媒体

Saugata Dutta, Kavita Saini

6.1 引　　言

区块链可被定义为一个不断增加的区块列表,其中每个区块都与前一个区块的哈希值链接。区块由交易数据、时间戳和前一区块的哈希值组成。区块链是一个分布式账本,交易以区块的形式存储,并分布在一个 P2P 网络(点对点网络)中,每个节点都持有一个账本副本。因为区块链具有高度安全性,且几乎不可能被泄露,而哈希加密和分布式账本相比其他技术具有更加独特的属性。区块链的一个重要特征是每个节点或参与者的信息透明性,信息不可修改,从而减少欺诈数据和篡改数据,这有助于建立信任。区块链是可定制的,一旦满足关联性条件,就可以触发操作。区块链可以在没有第三方或中心机构参与的 P2P 网络(点对点网络)上工作。

区块链的基本理念是加密。它可以看作是分布式数据的不可变性。其历史可追溯到 20 世纪 70 年代末,当时引入了默克尔树(Merkle Tree)的概念,它是一种哈希二叉树。这颗概念树由带有哈希值的叶节点组成,每个非叶节点都有其子节点的哈希加密。这有助于大数据的安全验证。这个概念模型是拉尔夫·默克尔(Ralph Merkle)在 1979 年提出的。在 20 世纪 90 年代早期,致力于区块链安全的斯图尔特·哈伯(Stuart Haber)和斯科特·斯托内塔(W. Scott Stornetta)介绍了类似区块链的技术。1992 年,在默克尔树设计的帮助下,文件可以存储在单个区块中。区块链的真正开始应用是由中本聪在 2008 年引入的 P2P 现金系统。随即,在 2009 年推出了一种以区块链技术为底层的数字加密货币,即称为"比特币"(Bitcoin)的数字加密货币应运而生。中本聪开采了第一枚比特币(Bitcoin)。比特币的程序员哈尔·芬尼(Hal Finney)是第一个从中本聪那里收到 10 枚比特币(Bitcoin)的人。

2014 年,投资者们开始关注这项技术,因为区块链技术有可能作为合法的支付方式进行使用。这是智能合约和去中心化应用被概念化的时代。此举逐步体现了执行去中心化应用程序和智能合约的优势。以太坊(Ethereum)是一个以开源和去中心化方式开发的公共区块链,而其加密货币被称为"以太币(Ether)"。具有智能合约的以太坊,其优势在于包含了各种参数,并且验证了各种级别的交易。这个合约层利用各种参数改进了交易和合约的整体交互。区块链技术具有透明性、安全性,并且不存在第三方或中心机构的干预。它可以让使用这种技术的组织更加透明、民主、高效、去中心化和安全。在未来,区块链将可能会颠覆许多行业。已经开始使用区块链的行业有很多,其中也包括为那些无法正常使用银行系统的人提供存款服务。类似地,比特币(Bitcoin)也允许用户汇款。巴克莱银行(Barclays)已经在一定程度上开始使用区块链。在用于供应链管理的区块链中,用户将数据存储在去中心化的位置,并以安全的方式保存记录,这提供了如最小化成本和劳动力等各种好处。一些初创区块链公司,如起源(Provenance)、流畅(Fluent)、司库链(Skuchain)和块验证(Blockverify),正在努力改善供应链管理。在预测行业中,区块链有望改变传统的研究、咨询、预测和分析方法。在网络和物联网方面,国际商用机器公司(IBM)和三星(Samsung)正在运用一个名为"适应(Adapt)"的新理念,该理念将使用区块链技术创建一个物联网设备的分布式网络。保险业方面,其核心是信任管理。在区块链的帮助下,技术确保了人的身份信息。区块链可用于验证保险合同中如被保人身份信息等多种类型的数据。区块链智能合约可以与承载真实数据的价值中介(Oracles)整合。一个名为永恒(Aeternity)的区块链项目正在为保险行业开发数字应用程序。在私人交通和共享单车行业方面,区块链技术被用来为乘客和车主创建一个平台,乘客可以在没有中心机构的情况下通过满足双方的条款和条件得到服务。拉祖斯(Lazoos)和拱廊城市(Arcade City)等区块链初创公司也正在这一领域进行工作研究。在线数据存储行业方面,区块链使存储更加安全,抗攻击能力更强。斯托吉(Storj)就是去中心化云存储的一个例子。慈善行业方面,区块链可以用来解决低效和贪污问题。它可以帮助追踪捐款是否流向了正确的人。比特给(BitGive)利用区块链技术,通过分布式账本获取资金。投票选举方面,区块链可用于身份验证、选民登记和计票等多种服务。它可以做到只统计合法的选票,而不改变或操作选票,并且创建了一个不可改变、公开可见的账本,使选举更加公平和民主,从而使投票选举迈出巨大的一步。民主地球(Democracy Earth)和跟随我的投票(Follow My Vote)项目的目标就是在这个领域创建一个基于区块链的投票系统。在医疗服务行业,区块链用于存储敏感数据,并与被授权的医生和患者共享这些数据。这将有助于数据安全,并提高诊断的准确性和速度。在能源管理行业方面,事务网格(Transactive Grid)允许客户以去中心化的方式相互买卖能源,而不涉及公共电网或私人中介。在线音乐方面,粉丝可以使用区块链直接向音乐人支付费用。引入智能合约,可以解决授权问题,并与它们各自的创作者更好地编目歌曲。菌丝网格系统(Mycelia)和乌乔(Ujo)是专门为音乐行业打造的基于区块链的平台。零售行业方面,区块链应用程序创建了一个交易大厅,卖家和买家见面,并可以按照要求进行交易,且不需要中心机构的干预。露天集市

（Open Bazaar）和对象 1（OB1）这两家初创公司正在零售领域使用区块链。在房地产行业,很多不规范的问题都可以被解决,如缺乏透明性、欺骗、官僚主义和公共记录中的错误。区块链技术将有助于减少对文档的需求、建立准确性并验证所有权,还可以加快对事务的处理。无处不在（Ubiquity）是一个基于区块链的安全房地产备案平台,是传统纸质系统的替代品。在众筹行业中,许多组织,尤其是初创企业通过使用区块链智能合约（无须第三方）筹集资金而获益。新项目可以发布他们自己的代币,这些代币以后可以用来交换服务、现金或产品。

6.2　区块链工作原理

区块链是一种 P2P 技术,它保护了数字信息的完整性。区块链被定义为 P2P 网络上的去中心化交易账本。区块链为各方提供安全、透明的交易。区块链账本从头到尾记录每一个交易序列,无论它是一个还是多个。在每一次交易中,它被放入一个区块,每个区块都与之前和之后的一个区块相连接。交易列表被封锁在一起,每个区块的信息指纹被添加到下一个区块,从而创建了一个不可逆的链。区块链适用于所有类型的交易,它是分布式、被授权和安全的。一个区块通常由当前的交易信息和前一个区块的哈希值组成。哈希函数接受任何数字媒体,并在其上运行一种算法来产生固定长度的数字输出,称为哈希值（图 6.1）。

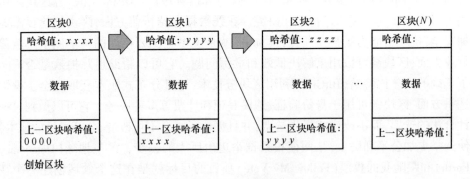

图 6.1　区块链中的区块

这个固定长度的输出比原始输入要小。即使是数字媒体的单个比特（bit）发生变化,哈希函数也会发生变化。所有的区块都从 0 开始编号。编号为 0 的第一个区块称为创始区块。

区块链的分布式账本特性使其更加安全。这些数据不是存储在一个集中的数据库中,而是存储在大量被称为节点的计算机上。如果任何一个区块被篡改,它会导致该区块的哈希值被改变,这将使所有后续的区块无效。现在计算机技术发展很快,若任何区块被篡改,所有后续区块的哈希值将被重新计算,那么区块链就有可能受到影响。为了缓解这个问题,有一种称为工作量证明(PoW)的概念,它降低了区块的创建速度(图6.2)。

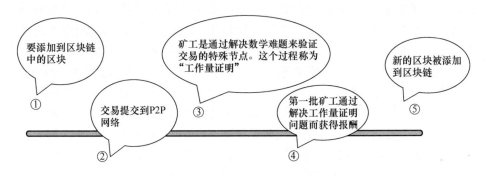

图6.2　添加区块到区块链

因此,如果任何区块被篡改,则需要为所有后续区块计算工作量证明。由于工作量证明是一种数学设计,它假定一个伪随机数并与区块数据连接来计算哈希值,产生一个等于给定标准的结果,例如前缀为3个零的哈希值。一旦找到给定条件下的结果,就会被其他节点验证,矿工将得到数字货币奖励。由于挖矿是一种猜谜游戏,矿工是具有特殊硬件或算力的特殊节点,他们参与这个称为工作量证明的猜谜游戏,如果成功猜测并在区块链中添加一个区块,就会获得数字货币奖励。算力更强的矿工更容易成功,但根据统计概率定律,同一名矿工不太可能每次都成功。利用共识算法,可以在整个网络中区块链的一个特定状态下达成一致。因此,如果区块链中添加了一个新的区块,那么是谁添加的它,可以借助共识算法来确定,如工作量证明。

6.3　社交媒体中的区块链

首先,社交媒体系统是一个围墙花园,受到保护和开发。在某种程度上,我们都是社交媒体货币化的产物。当然,我们别无选择,只能信任社交媒体来处理我们的数据。但以前就曾经发生过信息数据被泄露的事件。对于社交网站的信息公开披露有不少批评。重要的是,社交媒体上的信息缺乏有效性和真实性,它完全取决于其表面价值。但是在区块链的原理下,我们可以从一个完全不同的角度来应对社交媒体。在这里,我们可以直接参与,而无须第三方信托的介入,并且能够从发布成功的内容中获益。如今社交媒体正在经历一场蜕变。去中心化的社交媒体、重塑社交媒体的激励结构,以及确认发布的帖子的有效性和真实性。区块链技术将会给社交媒体带来颠覆性影响。

还有一些因素影响着以区块链技术为底层的社交媒体的改变,如在线身份验证的需求越来越大。通过使用区块链技术和智能合约来验证客户身份,可以减少虚假身份和欺诈漏洞。与身份信息的情况类似,市场也可以使用区块链技术进行验证,如对供应商进行验证,这将使营销更简单,并提高投资回报,增加公司发展的潜力。加密货币可以与社交媒体中区块链的出现很好地结合。发帖、点赞或任何形式的参与都可以产生少量加密货币。使用区块链技术的加密货币收集也有需求,这种技术以加密货币的形式进行小额投资。例如,一些公司为安卓(Android)和苹果(IOS)开发了使用加密货币的加密收集游戏。社交媒体上的区块链可以阻止充斥在社交媒体中的虚假内容的传播。该技术将有助于发布可追溯的数据和验证内容。这会对营销团队和品牌经理有帮助。新闻社交媒体在受众所依赖的媒体内容上面临着来源可靠的不确定性、隐私自由度过高、虚假新闻、信息结构和流动监管不力等挑战。尽管社交媒体给了我们很多有用的信息,但其中很多是无法追溯的,存在不可靠和不道德的信任问题。

6.4 基于区块链的社交媒体(一场革命)

各种初创公司中已经开始了一场社交媒体革命。将社交媒体推向世界所需的时间跨度与拓展区块链社交媒体所需的时间跨度大致相同。事实上,区块链社交媒体正被用作拥有营利性、审查性、不变性、透明性、可信性、真实性以及可靠性优势的平台。应用程序是去中心化的,即它没有中心机构控制并且具有透明性。与其他社交网站一样,这个平台的优势是高度可信性,推特(Twitter)的第一个用户拥有100万粉丝,油管(YouTube)也是如此,它的第一个视频获得了数百万个赞。在这个真实的平台上,人们会在支持区块链的社交媒体上找到彼此,之后可以在推特或其他社交网络链接上关注彼此,而不是把过程反过来做。这将有助于销售和市场营销。社交媒体其实并不具有社交性,从根本上来说它是一种推动机制。人们开始意识到数据的价值,同时也意识到在公共平台上发帖具有数据泄露、不可靠的内容及新闻、信息公开披露和吸引关注的广告商等风险。区块链社交媒体正在崛起,并且准备改变社交媒体基础建设,迎来一种全新的模式。它可解决以下问题。

(1)虚假新闻。使用真实内容和源数据验证的优势可以帮助解决此问题。内容创作者也将被验证。这种方法在个人数据、管理和隐私等方面具有优势。

(2)广告。用户可以根据自己的意愿观看广告,这有助于限制广告欺诈。如果用户希望看到广告,他们可能会得到奖励。

(3)奖励。在智能合约的帮助下,优质帖子会因浏览量和点赞量而得到奖励。相比之下,YouTube等其他网站的奖励太少,并且只有在浏览量巨大的情况下才会发放奖励。

（4）隐私。如果用户想要匿名，那么，他们可以匿名或者选择登录到他们的安全账户。匿名可以帮助他们避免被审查、被追溯或跟踪某些封锁了社交媒体的区域。使用这种技术的社交媒体的好处是可以消除锁区。

区块链技术最有力的论据是，可以控制自身的数据。这项技术不仅对品牌有益处，而且对个人也有帮助，因为用户选择了品牌，并因此而获得报酬。一个与众不同的数字身份，其价值连城。知名人物在社交网站上的数字身份既有价值又可盈利，因为公众的点赞和浏览为他们带来了收益。这是权力下放的主要原因之一，我们终将成为它的一部分。代币商业模式将有助于产生因照片上传、浏览和点赞而获得的代币奖励。这将开启一种社区商业，也是技术所能实现的未来发展方向。虽然想法和概念早已存在，但曾经的技术却不足以执行，而现在随着各种最新技术模型的出现，各种初创公司都可能将目光投向这些模型。

6.5 社交媒体在区块链中的机遇

社交媒体的机遇非常广阔，且不说它还是一个巨大的平台。我们大多数人抑或所有人都拥有一个社交媒体账户。几项调查研究表明，青少年平均每天花费8~9h进行互动。其中存在着隐私问题，由于营销公司要为受众进行促销和推广，所以新闻中充斥着广告。除非有较多浏览量，否则终端用户不可能靠帖子赚钱。目前，社交媒体用户的隐私和数据安全受到了威胁，基于区块链的社交媒体是解决该问题的唯一办法，在这种情况下，数据隐私和安全得到了保护，并且没有第三方的管控。基于区块链的社交媒体也使用数字货币来奖励创作者和观众。它们是如今传统社交媒体平台的一个非常好的替代性选择。

以下是目前一些基于区块链的社交媒体平台。

（1）斯蒂姆特（Steemit）：它是最常见的基于区块链的社交媒体，同时它也是去中心化的；用户可以体验到与脸书（Facebook）相同的功能。用户将有更好的数据隐私和安全性。创作者可以获得数字货币和所有平台内交易的奖励。斯蒂姆特的作品评论方式包括点赞和踩。盈利机制是根据内容收到的点赞数来运作的。参与的用户越多，收入就越高。它是最成功的基于区块链的社交媒体。奖励的分配是50%给作者，其余的50%给点赞者。给作者的50%的奖励被进一步划分为50%的奖励以斯蒂姆权重（Steem Power）的形式给予，其余的50%以斯蒂姆美元（Steem Dollars）的形式给予。斯蒂姆权重奖励在2年内按周发放。这样做是为了给市场带来稳定，即不仅仅是为了投机和赚钱，而且是为了帮助持续参与。获得斯蒂姆权重的人可以策划内容并获得斯蒂姆币（Steem）奖励。为确保参与者是真实存在的人，所以注册过程需要花一些时间。在这个平台上，个人因创作和策划内容而获得奖励。斯蒂姆币为创作者、策划、汇款人、商人、购物者、市场创造者、评论人、企业家、博主、推荐人、社区领导人和互联网读者提供机会。

（2）黑曜石（Obsidian）：它提供了一系列基于区块链的服务和应用。但黑曜石的主要用途是用作·个基于区块链的高度安全的信使。由于它的 P2P 特性，所有的信息都是端到端（End-to-end）加密的，你可以完全控制你所分享的数据、文件以及照片。还有定时自动删除等功能，且没有第三方的干预。可以向个人保证数据隐私和安全不受侵犯。加密的私人信使运行在一个去中心化的区块链网络上。

（3）尔恩（Earn）：它是一个与领英（Linked In）非常相似的应用程序。但它们有一些不同。尔恩能够让用户收到付费信息，用户还可以与具有相同技能的人联合。人们可以通过付费信息服务系统赚钱，这鼓励用户为回复付费。人们也可以创建自动回复的邮件。

（4）赞同（Indorse）：该平台建立在以太坊区块链上。这也类似于领英，在创建账户时可以从技能中获益。用户对其内容拥有完全的权限，且贡献将得到奖励。在赞同中，用户可以从一些技术技能中获益，并最终在专家评审后获得业务或工作。这也允许智能合约用数字货币奖励用户。所有连接点都经过验证，真实可靠。这是认可和展示技能的可靠渠道。每个用户既可以是请求者，也可以是版主。用户只要创建一个账户，就可以公布他们上传的资料。其他人也审查了这一点，称为权益证明。一旦声明被接受并且是真实的，用户的分数就会提高。这对了解你的客户（KYC）过程、自由职业服务、招聘、广告和市场预测有所帮助。这些数字货币被广告公司用来在社交媒体上购买版面。分数代币用于发布、查看和更新成员资料。

（5）社交 X（Social X）：它是一个类似照片墙（Instagram）和脸书的应用程序。用户可以在一个由区块链驱动的高度安全的平台上，发布视频、照片和更新。这有一个许可管理的功能，你可以完全控制你的图片，并可以卖给其他用户。由于这是一个使用区块链的去中心化网络，用户拥有完全的安全性和对信息公开披露的控制权。索克币（SOCX Tokens）用于在用户之间交换图片。它具有高度安全的消息传递功能，人们可以在其中交换消息和数字货币。人们也可以通过分享内容获得奖励。整体而言，它是一个基于区块链的社交媒体平台，且具备所有功能。社交 X是一个在区块链上运行的分布式媒体平台，值得关注的是，它由个人提供支持。社交 X 基础结构分为 3 层：第一层用于社交数据；第二层用于交易数据；第三层用于分布式媒体。社交 X 的生态经济系统允许广告收入以独特的奖励系统分配回社区。

（6）莱特（Enlte）：它是一个去中心化的社交媒体平台，它声称可以解决现实生活中的问题，且无须中心机构或政府的干预。社交网络平台是定位式的，且具有更安全和更好的网络，称为定位式的小世界网络。这将有助于找到准确无误的信息。一个用户可以分享经历,从而有一个真实的数据定性价值。这个平台是免费的,用户也可以匿名在平台上进行操作,所有的经历都有地理标记。如果一个用户发布了一个经历,则这个经历将被贴上地理位置标签,并广播推送给同一地理位置的其他用户。用户会因为被认识到而得到奖励,从而营造一种给予帮助的环境。每个用户都有权对区块进行投票和核准,因此区块不需要任何计算能力就可以被挖掘。这将有助于创造收益,如挖矿和赚取币。用户有权从内置的交易所购买和出售莱特币(Enlte)。

(7)发言(Voice):它是一个确保了用户群真实性的区块链社交媒体平台,也是一个在社区中传播优质内容的平台。内容被分享和推广,用户可从他们的创意和想法中获得直接利益。发言中的所有参与都是透明和公开的,没有隐藏的议程或算法。信息安全和隐私是发言的核心要素。当一个人的帖子上线并广受欢迎时,就可以赚取发言币(Voice Token)。它建立在企业操作系统(EOS)公共区块链之上。

(8)智人(Sapien):它是一个基于公共以太坊的区块链技术社交网络平台,类似于社交新闻平台脸书。智人使用智人币(SPN Token)作为代币化经济的支柱。通过奖励用户智人币来激励高质量的内容。这些代币可以用来购买实物和虚拟商品。用户的内容由同一领域的用户验证,这些用户积累的信誉点反映了专业知识。这个智人网络将允许用户限制虚假新闻的传播。

(9)索拉(Sola):它是社交网络和媒体的融合。设计它是为了解决传统社交媒体的不公平垄断,给用户一个平等发表意见的权利。用户的帖子要么被认可,要么被略过。经认可后,内容将展示给大众用户,因此没有共享概念和类似的推广系统。它使用了一个病毒式地理系统,用户的内容会自动分享给测量出距离最近的用户。索拉币(SOL)是一种实用型代币,用于应用交易、用户奖励、广告和购买服务。

(10)Ong.社交(Ong.Social):它是一个区块链社交仪表盘,还使用加密货币提供社交奖励。Ong.社交实际上运行在以太坊和波形平台(Waves Platform)上。它能让用户在每一个帖子上都有机会赚钱。它是一个受激励的社交仪表盘,用于连接和控制社交媒体账户,还使用了一个去中心化的社交网络,因此信息不会受到审查和限制。人们可以发布内容,并在其他社交媒体账户上分享等。这里的内容永远不会被删除或禁止。Ong.社交使用重心算法,用于识别和测量病毒内容,以便在短时间内跟踪一些人。测量是通过正重力和负重力进行的。正重力会得到奖励,而负重力不会得到奖励,但同时也不会受到惩罚。它在波币(Waves)和以太坊上使用了双区块链概念,它使用ONG币(ONG Coins)的经济生态系统。

(11)心灵(Minds):它是一个基于区块链的社交网络服务,用户因其高质量的内容和贡献而获得奖励。它是一个P2P分布式网络。它是在以太坊区块链中构建的。在这个平台中,人们可以使用代币来宣传贡献。数据的隐私和安全在这个平台中得到了保护。用户拥有自己的数据,并且不存在安全漏洞,一个代币相当于 1000 次浏览量。它还有一个高级订阅功能,用户需要每月支付 5 个代币来获得独家内容与验证。

(12) 索米(SoMee):通过赋予选择权,激励社区,尊重隐私,奖励贡献者来重新定义传统区块链媒体。它是一个基于区块链的社交媒体平台,使用 ONG 加密货币。它帮助用户创建无安全漏洞的社区和完全可控的数据,并获得社交媒体渠道的奖励。它有一个电子钱包系统,通过加密私钥进行数字支付。支付系统有完整的交易记录,且不会被篡改或泄露。索米尊重私人信息,并给予每个用户分享收入的选择。用户可以获得区块奖励和用户贡献所产生的美元价值奖励。索米可以让数据完全置于自己的控制之下,即一个人永远不会失去任何奖励或渠道,除此之外,也不会有审查或封禁。这也有利于用户创建、查看、连接和共享信息,而不必担心被丢弃,用户可以完全控制自己的数据。用户还可以看到所有的社交源,也可以在不干扰现有系统的场所下进行分享。它是一个受激励的社交仪表盘,可以连接和控制社交媒体账户,还可以使用一个信息不会受到审查和限制去中心化的社交网络。这里的内容永远不会被删除或禁止。它使用重心算法,用于识别和测量病毒内容,以便在短时间内执行跟踪。测量是通过正重力和负重力进行的。正重力会得到奖励,而负重力不会得到奖励,但同时也不会受到惩罚,它在波币和以太坊上使用了双区块链概念。

(13) 吸烟(Smoke):它是一个去中心化的大麻网络,是为大麻社区建造的区块链。这可能是为大麻服务的第一个区块链,可以不被审查,并且其数据库是不可变性的。用户可以获得奖励和业务访问,而不会有虚假身份和内容缺失。它使用社会共识算法来挖掘奖励交易。内容可以是评论、大麻品种、文章等,投票权和优质内容奖励主要通过被称为 SMOKE 加密货币的特殊实用货币而实现。

(14) 阿尔法(Alfa):它是一个基于区块链的社交媒体平台,增强了隐私性,并使其便于使用。它促进了数字共享,并提供成为一个没有任何中心机构的小型企业家的机会。它为各种促销活动提供基于时间的优质广告。用户将有权根据自己的选择观看广告,并因观看广告的时间而获得奖励。所有发布的内容都是基于时间且按时间排序的。用户可以定时发布帖子;这些帖子也可以自行销毁。打破了传统社交媒体系统的围墙花园,鼓励用户发帖并赋予其价值,同时赋予用户完全的控制权。它创造了一个用户有机会成为微型企业家的经济生态系统,这将为每个人提供更大的可能性。买家和卖家在这个平台上通过共享乘车、共享房屋、共享信息和其他交易保密的服务获益。内容导航系统非常吸引人,可以兼容于任何屏幕。它还有一个阿尔法(Alpha)手表,所有这些应用程序就像是将社交网络、数字钱包和智能手机融合在一起,从而获得完全不同的统一体验。

（15）阿匹克斯（APPICS）：它是一款基于区块链的社交媒体应用,涵盖体育、艺术、文化、生活方式、时尚等各个领域。奖励基于加密货币的代币,用于支付创造性内容,同时帮助用户从总收入中获得份额。这个平台有助于将创建的内容货币化,并尊重那些投入时间和精力创建内容以保持网站活力的用户。点赞内容的用户也会得到奖励,这为创作者和观众创造了双赢的局面。你可以非常安全地花几秒的时间直接发送交易到另一个用户的账户,且无须支付任何费用和延迟,而且它有 16 个以上的领域类别。

（16）佩佩斯（Peepeth）：它是像推特一样的去中心化社交媒体。佩佩斯运行在以太坊区块链上。除智能合约和存储的数据是开源的以外,其运行方式和其他任何普通网站一样。佩佩斯可以读取和写入智能合约。你可以使用批量发布,在一个便宜的交易中发布所有数据。有一个免费发消息（Peep）的选项,如果用户发了几次消息并且有良好的社交地位,就可以随意发帖。它有 Twitter 交叉发布、批量发布和邮件通知等功能,有相对安全的社交媒体验证过程,用户需要将以太坊地址发布到用户声明的外部社交媒体账户。该链接将被智能合约验证,一旦验证成功,外部社交账户将与以太坊地址链接。它可以使用户可以完全控制自己的资产。数据保存在公共区块链中,其中数据是不可变的。它具有抵制垃圾邮件（SPAM）、透明性、验证性、内容真实性和货币化等特点。

（17）长毛象（Mastodon）：它是一个基于区块链的社交网络和开源应用程序,类似于推特或汤博乐（Tumblr）,用户发布照片、视频和消息,关注、分享或点赞,数据保存在区块链平台上。邮件字数限制在 500 个字符以内,并按时间顺序排列。它是去中心化的,没有任何中心或第三方机构的干预。当用户创建自己版本的长毛象时,就可以称为实例。用户可以使用自己的一组规则创建长毛象实例,并对其拥有完全所有权。用户可以在跨实例上相互跟踪,并可以与其他实例中的用户无缝通信。在这些实例应用过程中还提供反滥用工具。这类社交媒体不会被出售、被封锁或破产。用户可以加入任何他们想要的社区并进行交流。长毛象拥有庞大的注册用户群,在区块链社交媒体平台中发展非常迅速。

（18）陡射（Steepshot）：它是一个基于区块链技术的社交媒体应用程序,用户可以在上传高质量内容时获得奖励。它是建立于斯蒂姆区块链之上的。这可能是斯蒂姆区块链中第一个基于区块链的应用,主要用于分享照片和视频。用户可以赚取斯蒂姆美元。与其他基于区块链的社交媒体应用类似,用户可以在其他社交媒体网站上分享帖子,并在获得奖励的同时推广帖子。它由一个移动钱包组成,用户无须使用斯蒂姆特账户就可以进行交易,获取奖励和查看余额。它配备了对赞、评论和收藏的推送通知,也可以实现特定用户的更新。它能够根据特定的主题搜索内容。并且有全屏模式,照片编辑和标签等增强功能。

（19）D 管（Dtube）：它是 YouTube 的替代品,用户可以在上传视频时获得加密货币。该平台也是基于区块链技术的。上传的视频可以连续 7 天获得奖励。根据内容的质量,视频可以被点赞或被踩。点赞越多,用户就能赚得越多。它建立在斯蒂姆区块链上。和 YouTube 一样,用户可以创建频道和订阅频道。因为它去中心化的本质,所以它抵制了审查。这是一个完全透明且公平的平台,没有隐藏的算法。虽然它不含广告,但用户可以自由地在视频中投放广告,同时也要承担失去订阅用户的风险。D 管使用分布式文件系统(IPFS)进行去中心化的文件存储。内容被散列化,哈希值成为上传文件的标识符。还可以对其进行重新散列化并进行比较,以检查文件的完整性。这也称为 DHT,即分布式哈希表。

6.6　未来发展前景

区块链有助于保证社交媒体上的内容安全。但这也许不是大多数人关心的问题,而对于那些有顾虑的人,他们可能根本不是社交网站的用户。社交网站有自己的条款和条件、推广理念和合作方式。像英帝果果(Indiegogo)和踢起(Kickstarter)这样的众筹公司帮助初创公司通过数字货币或区块链众筹(ICO)筹集资金。

因此,高质量的区块链社交网站有助于安全地筹集资金。在没有外部支付机制的情况下,在加密货币上运行的网络可以支持大众销售。启用区块链的社交媒体将对推特、脸书、照片墙和色拉布(Snapchat)等广泛平台产生强烈影响。社交媒体的营销人员应该探索和采用这些新的区块链社交网络大厅,并力争成为这一机遇的先行者。在没有任何中心机构的情况下,网络上的用户可以从更多的隐私中获益。反过来,这也维护了言论和表达的自由,减轻了用户因在社交媒体上发表言论而被起诉的烦扰。大多数去中心化社交媒体平台会对发布、点赞和分享内容的人提供奖励,这些内容提供了一个赚取奖励的平台。社交媒体营销者越早认识到区块链社交媒体的潜力,他们就越能为更好的业务与收入制定战略,并在新事物之中占据一席之地。到目前为止,我们已经探索了一些具有区块链技术的社交媒体网络,这些技术不但非常流行,而且颠覆了传统的体系。区块链技术的重要性主要在于弥补安全和数据隐私的严重缺失。区块链技术与社交媒体的融合前景广阔、机遇巨大。这是一场去中心化的活动,你的每一块数据都属于你自己,你可以从你的数据中获取利益。一次高报酬的体验正期待着你的到来。

参 考 文 献

1. PTT Bilgi Teknolojileri A.S. (2018, June 29). Blockchain@next18 Event. Retrieved from https://www.slideshare.net/obcag/blockchainnext18-event.
2. What is Blockchain Technology. (n.d.). Retrieved from https://www.ibm.com/block

chain/what-is-blockchain.

3. Binance Academy. (2019, November 11). Proof of Work Explained. Retrieved from https://www.binance.vision/blockchain/proof-of-work-explained.

4. 5 Trends Shows How Blockchain Is Changing Social Media. (n.d.). Retrieved from https://hackernoon.com/5-trends-shows-how-blockchain-is-changing-social-media-ba50c975c041.

5. UPADHYAY, N. I. T. I. N. (2019). *Transforming Social Media Business Models through Blockchain*. S.l.: EMERALD GROUP PUBL.

6. Which are the Top 5 Blockchain-Based Social Media Networks? (2018, July 23). Retrieved from https://www.kryptographe.com/top-5-blockchain-based-social-media-networks/.

7. Daniel. (2017, December 12). Sola: Next-Gen Decentralized Social Network Platform: ICO Review. Retrieved from https://www.chipin.com/sola-ico-social-network-user-reward/.

8. Minds. (n.d.). Retrieved from https://www.minds.com/.

9. SoMee.Social. (n.d.). Retrieved from https://somee.social/.

10. Smoke Network Social Blockchain. (n.d.). Retrieved from https://smoke.network/.

11. Microblogging with a Soul (powered by blockchain). (n.d.). Retrieved from https://peepeth.com/about.

12. Mastodon. (n.d.). Retrieved from https://joinmastodon.org/.

13. Platform that Rewards People for Sharing their Lifestyle and Visual Experience. (n.d.). Retrieved from https://steepshot.io/.

14. FAQ. (n.d.). Retrieved from https://about.d.tube/.

15. Blockchain Social Media - Towards User-Controlled Data. (2019, November 5). Retrieved from https://www.leewayhertz.com/blockchain-social-media-platforms/.

第 7 章　评估区块链技术的安全特征

T. Subha

7.1　区块链发展历史

自 20 世纪 80 年代起,电子支付系统及其设计一直是密码学领域的主要研究方向。但电子支付系统若没有一个可信的第三方,仍存在数据验证的开放空间。中本聪在 2009 年开始推出了比特币[1]。这个新的电子支付品牌因以下特性而受到关注:去中心化、不可伪造性和匿名性[2],引发了社会公众对密码研究应用的极大兴趣。

中本聪的论文指出,第一个比特币于 2009 年被开采出来,自此,比特币在事实上引领了区块链在这个技术世界的发展,并作为点对点(P2P)货币的一种替代货币。在比特币得到承认后不久,越来越多的加密货币开始进入市场。区块链是比特币作为数字加密货币的骨干技术,被称为用于计算的去中心化信息共享平台,使彼此不信任的不同权威域之间的交易事务处理成为可能,让他们相互协作、合作和协调[3]。

区块链是一种分布式账本,遍布在整个网络的所有对等方之中,每个对等方都持有该分类账的副本。每笔交易都经过数字签名和加密,并由多个同级对等方[3]进行验证。只有被授权查看的用户才能看到分类账本信息。

7.1.1　区块链工作原理

区块链对社会公众而言是个较为流行的热词,本节将详细解释区块链的工作原理。以下具体说明区块链如何运作。

想象如下情景:两个朋友 A 和 B 想将从一个账户向另一账户转移资金。在正常情况下,朋友 A 首先会联系银行,要求银行将金额转账给其朋友 B 的账户,此交易的详细信息会被录入到由银行系统维护的银行注册表中。这个条目需要在发送者和接收者的账户上都进行更新。但该系统的问题在于,相关条目很容易被那些了解该系统的人操纵或篡改,作为一个系统很容易被更改。此过程已在图 7.1[1]中以图解形式说明,这正是区块链参与解决该问题的价值所在。

例如,假设有一个由实时交易组成的谷歌电子表格,该表格可通过计算机网络与多个用户共享。用户可以访问这些交易,但没有人能轻易编辑。电子表格以行和列进行组织,在区块链系统中被作为区块来处理,块代表区块链中的数据集合。通过创建一个能够形成链接关系的区块链条,数据可以按时间序列方式被添加到块中。整个区块链中的第一个区块称为创世纪块。

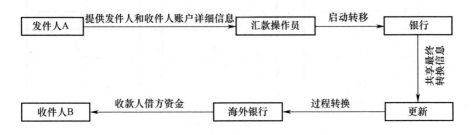

图 7.1　银行系统中的传统交易示例

区块链是以一种数字账本的方式开发出来,数字账本被复制并分发于世界各地成千上万的个人计算机。个人计算机称为节点,这些节点之间的交互行为会定期更新到分类账中。每个用户都可以访问公钥和私钥,这两个是安全的加密密钥,允许用户与系统进行有限的交互。例如,如果有两个用户同意交换比特币,则特定用户可以使用其公钥和私钥来发起交易,另一个用户使用自己的公钥和私钥来接受交易。两个用户都可以将此次交易提交到 P2P 系统。

区块中存在的唯一哈希码用于检查交易信息,以确保交易与所有其他先前信息一致。如果发起用户没有他们要求的加密货币,它可能会拒绝交易;否则,此检查节点将接受此次交易,并将其作为新的区块添加到链中。

7.1.1.1　区块链的结构

区块是一个由系列交易行为组成的容器,它只是一个分布式的数据结构。区块链中的一个块往往由块头标题和交易数据两个部分组成。

(1)块头。连接所有交易,如果任何交易行为发生了变化,它将反映在块头的变化中。

后续的区块头以链状相连,因而,如要进行更改,则需要更新整个区块链。

(2)数据。交易以区块的形式被存储在链中,这些交易行为被哈希算法加密并以 Merkle 哈希树形式表示出来。

7.1.1.2　区块链创建步骤

区块链结构[2]如图 7.2 所示。以下步骤中明确说明了区块链的运作方式。

步骤 1:节点通过使用自己的私钥进行数字签名来创建交易,其中密钥通过使用加密算法来创建。一笔特定交易可能代表不同的行为,它通常称为是一种数据结构,显示了区块链网络中不同用户之间的价值转移,具体表示诸如价值转移逻

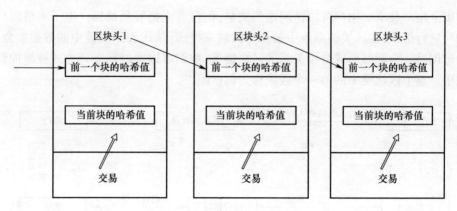

图 7.2 区块链结构

辑、源地址、目的地址、相关规则和验证信息等内容。

步骤 2：使用 Gossip 协议将交易泛洪到对等节点，以基于预设标准对交易进行验证，验证时需要一个以上的节点参与验证。

步骤 3：一笔交易行为被验证后将被包含在一个块中，然后该信息会被传播到网络中，此时该交易被视为已确认。网络中的所有节点都对该块运行工作量证明（PoW）和权益证明（PoS）算法进行确认。

步骤 4：新创建的区块成为账本的一部分。链中的下一个区块自动链接到这个块后面，该链接实际上被称为哈希指针。这个过程被视为交易的第二次确认，并且该区块将其确认为第一笔交易。

步骤 5：每次创建新的区块时，都必须重新确认交易。为了确保交易确认是最终有效的，通常需要进行 6 次确认。

7.1.2 区块链的关键属性

以下关键属性证明，区块链的使用优于传统系统[2]。

7.1.2.1 分布式
区块链的分类账本在网络中的多个对等节点之间共享，因此篡改或该表数据并不容易。

7.1.2.2 对等性
没有中央权威或中央控制来操纵或监视交易行为。参与交易的每个用户都直接与其他参与者交流对话，这使得有第三方参与的数据交换变得容易。

7.1.2.3 加密保护
加密算法可用于防止账本被篡改。

7.1.2.4 仅增性
数据往往按时间顺序被添加到区块链中，这意味着，一旦将数据加入区块链，就无法对其进行更改。实际上,更改数据几乎是不可能的,数据被视为不可篡改的。

7.1.2.5 共识

这是区块链所有属性中最关键的特性。账本数据可以通过共识机制[4]进行更新。这导致其具有去中心化的性质,即没有中央机构参与更新账本。因此,在对分类账进行任何更新时,必须严格遵循所设计的协议,而且进行更新应该经过验证。最后,仅当所有参与的对等方和节点在网络中达成共识时,才能将更新数据添加到区块链中。

7.1.3 区块链的类型

目前,主要存在公有链、私有链、联盟/联邦链、混合链等几种不同类型的区块链[5]。这些类型如图 7.3[2] 所示。以下将详细解释这些区块链类型及其用途。

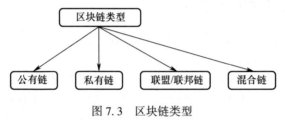

图 7.3 区块链类型

7.1.3.1 公有链

公有链是公开面向社会大众的区块链类型,没有任何访问限制。任何具备互联网连接条件的用户都允许发送读/写/审核的交易行为,并且可以成为群体中的验证者。这种类型的区块链具有透明性和开放性。在这种情景下,谁负责交易确认呢?由于群组中的任何人都可以在既定时间点查看任何内容,因而交易确认行为是在去中心化共识机制(如 PoW 和 PoS)的帮助下完成的,所有组内节点都可以参与共识机制的执行。

这种区块链类型体现了"民享、民治、民有"的思想。已知最大的公有链包括了比特币、莱特币和以太坊。

7.1.3.2 私有链

私有链适用于个人或组织。外在用户除非受到网络管理员的邀请,否则,无法加入一条私有链。由于限制了参与者的访问和验证权限,这类区块链对于不愿同公有链群体共享敏感数据的用户而言非常方便。它主要用于会计领域以及在不损害自主性的情况下保存记录。在私有链中,共识是由中央机构授予的,他负责向链上所有人授予挖矿权限,否则不授权任何人。这种集中式网络看似与普通意义上的区块链概念相互矛盾,但它是受加密保护的。银行链是私有链的一个例子,私有链也称为许可链。

7.1.3.3　联盟/联邦链

联盟链是一种相对去中心化的区块链,但也需要经过许可。它由多家企业机构或多位个体组合在一起,共同在网络中操作节点。这些小组被视为联盟或联邦,它们的组合性质有助于为整个网络的利益做出决策。管理员会将阅读请求和确认共识的权利,授予一部分可以参与共识执行的受信任节点。联盟链完成任务的速度要快得多,并且不存在单点故障。例如,全球排名前 20 位的金融机构组成一个联盟链,至少要有 15 家公司投票赞成或验证批准该交易,才能添加一个区块或做出此类决定。R3 和 EMF 是联盟链的例子。

7.1.3.4　混合链

顾名思义,混合链组合了公有链和私有链的不同特征。通过这种类型的区块链,我们可以决定哪些信息是公开的,哪些信息是私有的。

7.1.4　区块链技术的支柱

以下 3 个内容是区块链技术的重要支柱和特征[3]。

7.1.4.1　去中心化

现有用户或行业对集中式服务器非常了解,在比特币和比特流(Bit Torrent)出现之前,他们就一直致力于研究使用集中式服务器。存储数据和从中央实体检索数据的想法很简单,用户只需要与中央机构交互即可获取所需信息。银行体系是中心化系统的一个众所周知的案例。

银行将用户的资金存储于账户上,并在一个集中式服务器中维护所有的交易。如果计划把资金转入朋友的账户,则只能通过银行进行操作。我们可以把客户端-服务器架构视为中心化系统的最佳示例。例如,如果用户(客户端)在谷歌搜索引擎中检索某个对象,它会向系统(服务器)查询结果并返回给用户,这是客户端-服务器系统的另一个优秀示例。多年来,我们一直在使用中心化系统,但同时它们也存在漏洞。

(1)由于数据存储在单个中央储存库中,这一点很容易成为黑客和其他人员攻击的目标。

(2)如果对中心化系统进行任何升级,则整个系统都将暂停。

(3)如果系统因未知原因而关闭,则无法从中心化系统中检索数据。

(4)如果数据遭到破坏或在最坏的情况下被恶意损坏,那么,数据将完全泄露。

若试图去掉这种集中式的中心实体,就会引出去中心化的概念。在去中心化的过程中,数据不再由单个实体来存储或维护。实际上,它们归网络中的每个参与用户所享有。如果两个用户计划在区块链中进行通信,那么,他们可以直接沟通而无须第三方的参与。比特币就是基于这种思想来实现的。您是唯一对个人资产负责的主体,并且可以在不通过银行的情况下转账给任何个体。

7.1.4.2 不可篡改

不可篡改性是指数据一旦进入区块链就不能被进行修改。借助密码学哈希值的帮助,区块链可以实现这一独特的属性。哈希是采用任意长度的字符串作为输入,产生固定长度哈希值作为输出的过程。交易行为是比特币的输入,由诸如比特币采用 SHA-256 等加密哈希算法进行计算,并产生固定长度的输出。

实例:SHA-256 哈希函数。

即使输入值具有任意长度,也很容易记住 256 位的哈希值输出。加密哈希函数具有许多吸引人的特征属性,需要关注的一个重要内容是"雪崩效应"。如果尝试对输入值进行哪怕很小的更改,都会表现为输出哈希值的巨大变化。

区块链被组织为链表的类似结构,其中包含数据和指向前一个区块的哈希指针。哈希指针是一种指向数据哈希值的指针,即存于于前一个区块内的数据指针。该属性使得区块链不可篡改且非常可靠。如果任何人试图改变区块 4 中的单个数据比特,就会反映在区块 3 所存储数据的巨大变化中,进而反过来影响到区块 2 中存储的数据,这种连锁效应将继续传递下去。哈希值的变化可以用来发掘交易行为是否以某种方式篡改,但基于哈希的属性则完全不可能实现。

7.1.4.3 透明性

区块链技术最吸引人的特征是它在网络中提供的透明度。区块链技术的另一个重要方面是它可以提供的隐私保护程度。透明性基本上与清晰易懂、无理解歧义的质量有关。实际上,区块链通过使用复杂的加密算法来隐藏用户身份。因此,在查找特定交易记录时,它看起来不像原始记录中的"爱丽丝给鲍勃发送了两个BTC",相反地,它看起来像是加密的内容"2Bm2hdskjfhdfgrvndkerfbjb237bu 发送了两个 BTC"。

以太坊区块链中的交易行为即使隐藏了真实身份,也仍然可以通过公共地址看到。因此,区块链确保了隐私,任何早期的金融体系中从未存在过这种透明度。如果我们知道了使用加密货币进行交易的大公司的公开地址,则可以轻松地在 IE 浏览器中对它进行检查。但大型金融公司不会使用加密货币执行其所有交易。区块链发展繁荣的主要原因在于其可以被集成整合到供应链管理中。

7.1.5 区块链的优势

以下详细列举出了区块链的优势。

(1) 不涉及中央控制或中央机构。

(2) 在区块链成员之间建立的任何信任都可以消除额外成本。

(3) 采用资产所有者的私钥/公钥对交易进行数字签名。

(4) 数据一旦被记录并作为区块添加入链,就不能轻易地更改数据。

（5）分布式账本以可验证和永久存在的方式，有效存储成员之间的交易。

（6）交易不一定非得是数据，它们可以是区块链的一个代码或智能合约。

7.2　文　献　综　述

区块链是一个共享的分布式账本，简而言之即一些区块相连而成的链，这些区块承载了数字信息，相关信息存储在称之为链的公共数据库中。区块链技术的吸引力在于无须中心化可信机构也能够方便地跟踪资源[6]。它允许两个不同参与者轻松地通信和交换资源，其中分布式决策是由大多数而非单个中心化实体做出的。它可以防止攻击者试图破坏集中式系统或控制器，进而提供了安全保护手段。

资源可以覆盖有形资源或无形资源等不同的类型。资金、汽车、房屋和土地被归类为有形资源，版权、知识产权和数字文档则归类为无形资源。最近，区块链的创新性吸引了学术界和工业界的极大热情。这种创新特质始于比特币，这种加密的资产也称为加密货币（Cryptocurrency），截至 2018 年 1 月[7-8]，其资本市值总额已达到 1800 亿美元。

正如 Gartner 公司在 2016 年报告所指出的，区块链的创新吸引了数十亿美元的研究资金，可以预见，更多创新将会提前到来[9]。截至目前，区块链创新贯穿于一些众所周知的应用场景，并推动系统管理员在供应链、零售等领域探索进一步的创新。相关应用领域包括医疗服务[10]、物联网和云存储[11]。区块链技术的创新发展为新平台和新应用的开发铺平了道路。许多研究人员已经撰写了多篇调查文章，以强调该技术在当前应用领域的优势。典型案例包括用于医疗保健的区块链技术[10]、物联网[12]、高等教育中的区块链应用[13]、区块链即服务平台[14]、去中心化数字货币[15]和支持区块链的智能合约[16]。

区块链的创新及其潜力已经在许多流行的应用中得到证明。截至目前，第三方服务商或代理商可以提供诸如机密性、身份验证、完整性、隐私保护和溯源等常规监测和安全服务。他们使用低效的分布式应用程序，向客户交付这些服务，结果发现安全性问题成为相关应用的主要威胁。研究人员可以专注于上述领域，深入洞察区块链的使用情况或应用场景以更好地解决这些安全议题。

7.2.1　区块链技术的应用

比特币是区块链的第一个应用载体。作为一种基于区块链技术的加密货币或数字货币，它的主要用途在于利用互联网进行线上交易，类似我们在现实世界中那样。目前，由于比特币的成功，区块链正在被多个行业所专门采用，包括金融、市场营销、供应链、管理、医疗保健、物联网和制造业。与此同时，网络犯罪分子也有机会参与网络犯罪。大多数攻击是针对比特币基于安全角度的攻击，如 51% 的攻击,网络黑客试图在其中控制系统及其工作机制等。

区块链技术可在更广泛的领域应用于各行各业,如农业、物联网、商业、食品加工、金融、医疗保健、制造业以及其他各行业部门。表7.1描述了区块链技术在不同领域的应用。

表7.1　各种应用中的区块链技术

农　业	农业和与土壤相关数据处理、农产品销售、市场营销、运输和产量等
供应	销售记录、市场记录、数字货币、采矿芯片、二手货运输
商业	软件业进口和出口数据和数字记录、处理交易数据以及所有其他具有财务价值的数据
能源	能源生产相关数据、原材料相关数据、资源的可用性、供应商相关数据、需求数据记录、关税数据的维护、按需供应、资源跟踪
食物	食品交付和装运数据、食品包装详细信息、在线订购和交易数据、质量保证数据
金融	存款和转账细节、智能合约和安全详细信息、社会银行、数字交易数据、加密货币
制造业	产品保证和担保信息、产品保修信息、机器人技术、制造和生产数据、供应商组件、原材料跟踪
医疗保健	电子记录、医院流程自动化、计费、医院服务器存储的信息、医疗费用
智慧城市	水资源管理、能源管理、污染控制数据、数字数据和交易明细、智能数据维护、智能交易
运输和物流	物流服务、运输明细和交货数据、收费数据维护、车辆跟踪、装运集装箱跟踪
其他	经济、数字数据、艺术品、所有权、珠宝设计、空间发展、政府、投票等方面的数据和详细信息

7.3　区块链的安全特征

可能值得质疑的问题在于分类账概念并不陌生,但区块链为何是安全的系统。有关安全参数的交互在数字环境中是公开出现的,可能会给区块链技术带来安全威胁方面的脆弱性。

当个人数据存储于在网络上时,安全性就成为一个大问号。区块链本质上是安全的,它将强大的密码技术应用于参与区块链交易的个人,使其可以持有一个地址、相关借助公钥和私钥加密资产的所有权。密码是采用字母和数字的随机组合而产生,称为字母数字字符。由于地址与所有者的身份没有直接联系,因此可以解决诸如身份盗窃之类的问题。私钥要大得多,也更安全。区块链为个人提供了更高级别的安全性,因为它消除了对脆弱且易泄露的密码的需要。

7.3.1 区块链安全性问题

区块链是一种日益发展和普及的技术。由于它是一种适应性很强的技术,可以被许多行业使用,同时也受到不同领先行业的质疑[17]。

本章详细讨论区块链的安全性和隐私性问题。区块链需要足够的安全性以保护数据和交易信息免受内外部和意预料外的威胁以及外围攻击。通常,这将有助于依托安全策略、规则、工具和信息技术服务来检测、预防威胁并提供适当的响应。

7.3.1.1 防御渗透

在有关防御的应用中,采用了一种基于无限对抗措施来保护数据的独特策略。在区块链中强制执行多层数据保护的原则,而不是为单个层提供安全性。

7.3.1.2 漏洞管理

漏洞检查涉及对其进行识别、身份验证、修改,以及在需要时修补漏洞。

7.3.1.3 最低权限

在此原则下,数据访问被限制在尽可能低的级别,以提升整体的安全性。

7.3.1.4 风险管理

在此阶段,对风险识别、风险评估和风险控制进行处理。

7.3.1.5 补丁管理

安装所需的补丁以修补损坏的部分,如代码、操作系统、固件和应用程序。

在区块链中已经使用了许多技术以实现交易数据或区块数据的安全性,而不管其用途如何。比特币应用情境使用加密技术为数据提供安全,公钥/私钥对的组合用于安全地加密和解密数据。区块链最安全的链条部分是最长的部分,该部分被认为是真实的部分。51%的主要攻击和分叉问题已通过区块链减少,通过将最长的链视为区块链中真正的主链,使得其他攻击变得无效。

7.3.2 区块链的隐私

对于在线存储库中维护数据的用户而言,隐私是一个重要的参数,这是用户保护其数据的个人权利。在区块链中,可以在不泄露相同身份信息的情况下进行交易[18],因而有助于实现隐私保护,区块链允许用户执行其工作而无须展示给整个网络。增强区块链隐私保护的主要目的是使复制其他用户的加密配置文件变得更加困难。将区块链应用于隐私保护时,能够感受到其多个变种。

7.3.2.1 区块链隐私的显著特征

(1)存储数据。区块链提供了一种存储所有形式数据的方法。个人和组织数据的优先级别因所有者不同而迥异。即使隐私规则应用于个人数据,甚至更严格的规则用于对隐私性更敏感的组织数据。

（2）存储分布。完整节点是区块链中存储有关区块链信息完整副本的节点，具有仅附加特征的完整节点将会导致数据冗余。这种数据冗余支持区块链的主要关键特征，即透明性和可验证性。这两个关键特性的访问级别是根据应用程序与数据最小化的兼容性来决定的。

（3）仅增性。在未被检测到的情况下更改前一个数据块的数据是非常困难的。有时如果数据记录不正确，这一属性就无法达到其目的。因此，在分配数据权限时需要特别注意和小心。

（4）私有链与公有链。从安全性和隐私性角度来看，可访问性是一个显著的参数。此外，由于网络中的每个人都有数据副本，数据在加密后可以提供给授权用户使用。

（5）许可链与非许可链类型。公共的和许可的区块链用户被允许添加数据。

7.3.3 区块链应用的安全性、隐私挑战和解决方案

本节主要探讨了安全和隐私方面的挑战，以及与区块链应用相关的解决方案[19]。

7.3.3.1 医疗保健中的区块链

区块链应用于医疗保健领域时需要维护数据隐私、保证公开且安全，还应在任何时间点支持可扩展性。医疗保健区块链中的区块代表有关健康记录的数据、图像和文档，区块链应用面临数据存储问题和吞吐量限制。如果选择比特币作为存储数据的模型，那么网络中的每个人都将包含医疗保健数据的副本，这可能会导致安全问题，不是最佳的存储方法，并且可能出现带宽严重不足的情况，也浪费了网络资源。如果需要在医疗保健行业应用区块链，则应添加一个访问控制管理器以指定数据的访问、管理以及存储权限。

实际上，区块链维护着所有用户数据的索引或列表。这相当于一个目录，其中存储了有关患者记录的元数据以及数据的存储位置，这些数据由授权用户访问。通过进一步加密数据、为数据添加时间戳并为每个记录分配唯一的标识符来检索数据，可以提高数据操作效率。数据湖被定义为一个区块链数据存储库，其中所有医疗保健数据都存储在区块链中，它们是极有价值的数据，因为其包含任何形式的数据。它提供了各种技术支持，如查询结果、分析文本、挖掘数据以及与机器学习的集成[4]。医疗保健领域的区块链交易的完整视图如图 7.4 所示。

7.3.3.2 金融中的区块链

比特币是一种流行的数字货币，推动了后期区块链的发展。此外，区块链用于许多加密货币，如以太坊、点点币、Altercoin、Karma、Hashcode 和 Binarycoin。比特币是大部分数字加密货币的主要结构，但它们使用不同的共识算法来验证和确认数据。

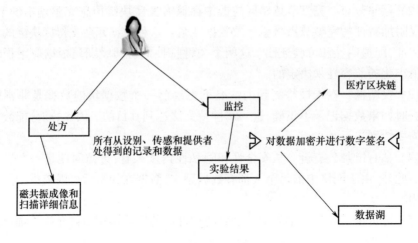

图 7.4　医疗保健应用中的区块链

金融领域中区块链的主要部分是智能合约,在图 7.5 中对此进行了详细的介绍。我们将探讨金融领域区块链中的安全和隐私问题。在任何组织中部署区块链时的常见安全问题是,它们必须确保只有授权用户才能访问数据。在区块链基础系统中,必须检查授权用户的数据访问权限,有必要强制执行认证和授权控制[20]。图 7.5 以图标形式说明了区块链在金融行业中的重要性。

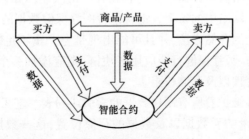

图 7.5　金融应用中的区块链

区块链还通过允许对数据块进行加密来确保机密性。可以通过私钥和公钥对的组合来实现不同的安全层,同时保留数据的完整性和一致性。不可篡改性和可追溯性确保了区块链中数据的完整性,这是提供安全性的另一个重要决定因素。此外,哈希值可确保任何数据块均不可被更改或复制。

确保个人用户数据或组织数据的隐私是区块链安全性的另一个重要方面,有许多方法可以实现这个特性,其中一种是对每个用户的个人信息进行加密。如果个人密钥被遗忘,则任何人都无法在没拥有密钥的情况下访问该用户数据,确保了隐私性和安全性。这是因为所有交易都带有时间戳,并使用数字签名算法进行签名,以确保实现不可否认性,从而提高了金融领域区块链应用的可靠性。

7.3.3.3 物联网中的区块链

物联网可以定义为计算系统、设备、人员、传感器、数字机器、机械设备、物体等在网络中的互联,它们能够在无须人对人或人对机器交互的情况下相互通信[20]。参与物联网的所有设备均分配有唯一标识符。物联网在区块链中的主要需求是将数据存储在边缘设备中,并为用户提供对这些数据的访问接口。在任何时候,用户都可能希望安全地访问存储在远程位置的数据,并需要以不同的方式确保数据隐私。

首先,用户可以在自己创建用户账户时设置密码和所需的访问控制。用户在检查了所需的权限控制、提取前一个区块号和哈希值后,发送所要存储的数据,验证交易后将确认存储可用性。在某些应用中,服务提供商希望访问数据,在这种情况下,服务提供商和服务请求者会向簇头发送请求。然后,由簇头与其成员或另一个簇头对其进行验证。该过程遵循安全回答法和噪声引入法来保护数据,确保用户隐私。最后,多重签名交易值为 1 或 0 用于判断用户是否访问过数据。通过存储用户发送的日期,多重签名交易值被视为一种访问证明。由于这种多重签名,任何不当行为都很容易被其他用户所察觉。在区块链中使用物联网的优势在于,通信双方之间建立了信任,从而降低成本并加快了交易速度。

物联网中的区块链有助于业务增长并提升其重要性。物联网的安全关注点是感知数据、处理、存储数据以及最终进行数据通信。在公有链的帮助下,这可以很容易地实现,因为网络中的每个人都使用其私钥来保护它。由于不涉及中央权威,基于区块链的物联网模型可建立信任[12]。物联网区块链模型需要解决的最大挑战是可扩展性,因为如果计算设备的数量与日俱增,访问数据的请求数量将会很高。

7.3.3.4 移动应用中的区块链

移动应用程序是一种特殊的应用程序,旨在用于适配手机和平板电脑。区块链能够为移动应用程序中的直接支付和点对点文件传输提供对等支持。但是它不支持矿工用来验证特定交易的快速游戏。边缘计算概念可用于在移动处理中实现区块链。

考虑有 N 个移动应用程序用户,如 $N=1,2,\cdots,n$。现在,每个用户都在尝试使用哈希概念来解决难题以获取奖励。边缘计算设备可以与服务提供商一起部署,移动用户运行支持矿工边缘计算的移动区块链应用程序,服务提供商对移动用户所使用的服务量收费。从安全角度来看,区块链可以应用于许多不同的移动应用程序,因为它没有单点故障问题[20]。图 7.6 解释了如何在移动应用程序中进行交易[19]。

区块链被建议在需要严格身份验证以保护数据的移动应用程序中使用。移动

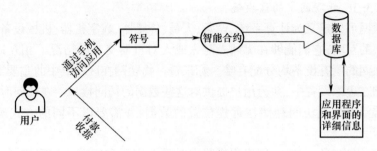

图 7.6 移动应用中的区块链

应用程序的主要用途是访问存储在移动手机中的数字钱包,进而允许用户通过移动设备为他们的交易付款。因为所有支付均由移动应用程序使用数字钱包来支持,这是由服务提供商提供的边缘计算服务来完成的,因此,它使交易变得便捷方便。

7.3.3.5 防御中的区块链

在不久的将来,区块链将在国防领域发挥重要作用,因为国防应用程序是基于网络的系统,它们必须为其所处理的数据提供最大的安全性。目前的网络系统缺乏应对日益增长的网络威胁的技术。区块链通过提供透明性、容错性和对交易的信任性,有助于降低网络防御系统的错误率。区块链的以下安全特征,如哈希、数据结构的反向链表、共识算法和不可篡改性,在实现区块链应用中发挥着重要作用[21]。

网络防御应用程序要求其数据必须是保密的,并且只能由授权用户访问。区块链通过仅授予许可用户访问权限来实现身份验证。在将数据存储在区块链之前,可以通过对数据进行加密来确保数据的机密性。然后,可以在不同级别定义访问控制,以限制对数据的访问。区块链足以在网络防御应用中发挥运营或支撑作用,具体如下。

1)网络防御

在网络防御应用中,区块链将数据传输到网络中所有其他节点,并应用共识算法来验证和确认交易。一旦对数据加上时间戳并将其存储为块,便无法对其进行操作。如果授权用户进行数据更新,则需要重新加盖新的时间戳并维护适当的日志信息。可以对武器、组件及其详细信息进行成像和哈希处理,然后将其存储在安全的数据库中,使用区块链应用程序对其进行连续监控[22]。

2)供应链管理

区块链应用于供应链管理的关注点是,对所有者的可追溯性和维护数据来源的需求。区块链能够为此提供解决方案。

3）弹性通信

区块链的安全通信有助于在竞争环境中提供弹性通信,这有利于在世界各地节点之间进行可靠的数据传输。

7.3.3.6 汽车行业中的区块链

目前,在道路上行驶的车辆都是在线连接入网的,能够识别交通方式、位置和其他详细信息,区块链可以在这方面发挥重要作用。针对智能车辆需要解决一些安全问题,具体如下。

1）可扩展性

该系统必须能够根据需求进行扩展,因为在 VANET 中,许多带有车载电子设备的车辆经常被频繁添加到网络中。

2）安全性

它不应该产生新的安全威胁,如设备故障会导致错误的驾驶行为。因此,在智能车辆结构中实施的区块链需要保护用户免受安全威胁。

3）去中心化

由于中央化存储库中存储的数据易出现单点故障,因此需要一个去中心化的体系结构来存储数据。区块链提供了这种去中心化的概念,适用于整合到汽车行业中。

4）可维护性

智能车辆的结构由许多硬件和软件设备组成。因此,区块链应在一定时期内支持这种可维护性,并应具有可维护性的选择权。

汽车工业中的主要关键挑战是无线远程软件更新(WRSU)。每当需要软件升级时,WRSU 就会修复控制单元中的错误,从而清晰地捕获车辆的完整生命周期。WRSU 安全体系结构需要重点关注这一点,以更好地管理车载自组织网络[20]。

WSRU 架构的软件更新流程如下所示。

步骤 1:如果发布了最新版本,软件提供商会启动软件升级,然后将其存储在云端,以供覆盖节点使用。

步骤 2:用户创建一个多重签名交易,并使用公钥/私钥对其进行加密和数字签名。

步骤 3:汽车制造商和区块链管理器使用其公钥来转发具有所有密钥列表的交易,通过这些密钥实现交易的完整性。

步骤 4:交易被进一步发送到叠加层,因为当前交易只包含一个密钥,故而所有区块管理器都没有将其视为有效交易。

步骤 5:区块管理器将交易行为广播到网络。接收到交易后,集群的区块管理器验证软件更新并对其进行确认。

步骤 6:该交易信息将进一步向所有区块管理器广播。同时,区块管理器用汽车制造商和软件供应商的公钥验证软件更新。

步骤7：智能车辆验证从区块管理器接收到的交易。

步骤8：最后，车辆可以使用自己的身份验证参数直接从云存储中下载软件。

区块链还可以实施应用于汽车行业的各个领域，如金融、保险、汽车租赁、电动和智能充电服务等。

7.3.4 区块链的挑战

本节介绍区块链技术面临的挑战。

7.3.4.1 隐私泄露

由于公钥的详细信息和余额对网络中所有人都是可见的，因此区块链涉及的隐私问题是交易隐私数据的泄露。区块链中的匿名性分为混合解决方案和匿名解决方案。混合方案是一种通过将资金从多个输入地址转移到多个输出地址来提供匿名性的服务。匿名方案是另一种服务，它解除了某一特定交易的支付来源，进而阻止入侵者分析交易数据。

7.3.4.2 可扩展性

区块链的应用量不断增加，因此需要支持可扩展性。每个节点都应该存储交易副本以验证数据。首先，交易来源需要在交易生效前进行验证。区块大小在可扩展性问题中也发挥着重要作用，因为矿工希望验证更大的交易，以便收取更高的交易费用。可扩展问题可以分为存储优化和区块链的重新设计两部分。研究界热切欢迎提出各种解决方案来应对这些挑战。

7.3.4.3 个人身份信息

事先知情同意信息可用于提取个人身份。就地点和通信隐私而言，可处理事先知情同意问题。

7.3.4.4 自私性采矿

区块链面临的另一个挑战是自私性采矿。如果一个区块使用少量的哈希功率，则将该区块称为易感块。采用这种方法，矿工不会立即广播已开采区块的结果，他们开设一个私人分支机构，在满足特定条件后，将在其中发布已开采的区块。真正的矿工在开采区块时耗费了他们的资源和大量时间，而私人的链则由自私的矿工开采。

7.3.4.5 安全性

安全性是任何即将到来的新一代技术的主要特征。安全性可以从保密性、完整性和可用性三方面进行详细说明。在公有链中，这始终是一种开放的挑战。由于分布式系统会将信息复制到整个网络，因此其保密性很差。即便信息的完整性没有被改变，中央情报局三合会的诚信原则仍然面临着更多实时挑战。与区块链的写入可用性相比,读取可用性很高。

7.3.5 主流的区块链用例

下面重点讨论区块链中的典型用例。

7.3.5.1 加密货币

加密货币相关风险:由于数字货币是加密的,因而只能识别货币而不涉及其所有者,数字货币归拥属于持有加密密钥的用户。因此,如果一种货币被盗用,这笔资金就永远无法追回,没有办法能把它找回来。

解决方案:将加密密钥存储在安全的信任库中的任何方法。

7.3.5.2 智能合约

智能合约相关风险:智能合约是一个基于计算机的程序。具体而言,其具备自我执行和实施合同规则的能力。如果违反了区块链惯常机理,智能合约规则和自我执行就会被改变,这打破了区块链的基本信任,并且消除了无须中间人参与即可在各方之间开展业务的方式。

解决方案:对智能合约的条款和自我执行因素进行安全保护,并将加密密钥存储在基于硬件的信任根中,该信任根由匿名方进行安全身份验证,这样可以确保没有人能访问数据。

7.3.5.3 物联网

物联网相关风险:数据被放置在物联网的中央储存库中进行操作,这使得系统更易受到攻击和伤害。最近,Mirai 式的僵尸网络允许黑客控制网络中连接的 100 个物联网设备,并因安全控制较少而访问其信息。物联网设备基本上受到默认密码的保护,很容易遭到黑客发动的分 m 布式拒绝服务(DDoS)攻击。

解决方案:区块链中的分布式信任模型有助于保护物联网免受 DDoS 攻击,它消除了单点故障,使设备网络能够通过其他方式保护自己。例如,网络中的任何节点都可以对行为表现异常的节点进行隔离。

7.4 小 结

本章详细论述了区块链技术和相关特性,以及区块链如何应用于物联网、医疗保健、供应链管理、汽车、金融等领域中。每当新技术发布时都会同步带来安全威胁,本章已经详细讨论了区块链的安全问题,简要解释说明了区块链技术的常见使用案例。

参 考 文 献

1. https://blog.goodaudience.com/blockchain-for-beginners-what-is-blockchain/.
2. https://cointelegraph.com/bitcoin-for-beginners/how-blockchain-technology-works-guide-for-beginners/.
3. https://blockgeeks.com/guides/what-is-blockchain-technology/.
4. Z. Zheng et al. 2017. "An Overview of Blockchain Technology: Architecture, Consensus, and Future Trends". *Proceedings of the 2017 IEEE BigData Congress*, Honolulu, Hawaii, pp. 557–564.
5. S. S. N. L. Priyanka and A. Nagaratnam. 2018. "Blockchain Evolution – A Survey Paper". *IJSRSET* 4(8): ISSN:2395-1990.
6. Tara Salman et al. 2018. "Security Services Using Blockchains: A State of the Art Survey". *IEEE Communications Surveys & Tutorials* 21(1): 858–880.
7. I. Eyal et al. 2016. "Bitcoin-NG: A Scalable Blockchain Protocol". In *Proceedings of 13th Usenix Conf. Network System Design and Implementation (NSDI)*, Berkeley, CA, pp. 45–59.
8. Crypto Currency Market Capitalization. Accessed August15, 2017. [Online]. Available: https://coinmarketcap.com/currencies/.
9. STAMFORD. Gartnet's 2016 Hype Cycle for Emerging Technologies Maps the Journey to Digital Business, August, 2016. [online]. Available: http//www.gartner.com/newsroom/id/3412017.
10. M. Mettler. 2016. "Blockchain Technology in Healthcare: The Revolution Starts Here". In *Proceedings of IEEE 18th International Conference on e-Health Networks Applications Services(Healthcom)*, Munich, Germany, pp. 1–3.
11. K. Christidis and M. Devetsikiotis. 2016. "Blockchains and Smart contracts for the Internet of Things". *IEEE Access* 4: 2292–2303.
12. M. Conoscenti, A. Vetro and J. C. De Martin. 2016. "Blockchain for the Internet of Things: A Systematic Literature Review". In *Proceedings of IEEE/ACS 13th International Conference on Computer Systems Applications (AICCSA)*, Agadir, Morocco, pp. 1–6.
13. Khoula Al Harthy et al. 2019. "The Upcoming Blockchain Adoption in Higher Education: Requirements and Process". *IEEE International Conference.*
14. W. Zheng et al. 2019. "NutBaaS: A Blockchain-as-a-service Platform". *IEEE Access.*
15. S. Ahamad et al. 2013. "A Survey on Crypto Currencies". In *Proceedings of 4th International Conference on Advanced Computer Science (AETACS)*, pp. 42–48.
16. S. Wang et al. 2019. "Blockchain Enabled Smart Contracts: Architecture, Applications, and Future Trends". *IEEE Transactions on Systems, Man, and Cybernetics: Systems* 49(11): 2266–2277.
17. J. Yli-Huumo et al. 2016. "Where is Current Research on Blockchain Technology? – A Systematic Review". *PLoS ONE* 11(10): e0163477. doi.10.1371/Journal, 2016.
18. G. Zyskind et al. 2015. "Decentralizing Privacy: Using blockchain to protect personal data". *Security and Privacy Workshops (SPW), 2015 IEEE*, IEEE, pp.180–184.

19. Zibin Zheng et al. 2018. "Blockchain Challenges and Opportunities: A Survey". *International Journal of Web and Grid Services* 14(4): 352–375.
20. Archana Prashanth Joshi, Meng Han and Yan Wang. 2018. "A Survey on Security and Privacy Issues of Blockchain Technology". *Mathematical Foundations of Computing* 1(2): 121–147.
21. J. Mendling et al. 2018. "Blockchains for Business Process Management – Challenges and Opportunities". *ACM Transactions on Management Information Systems (TMIS)* 9(1): 1–16. Article No.4.
22. W. Tirenin and D. Faatz. 1999. "A Concept for Strategic Cyber Defense". In *Military Communications Conference Proceedings, MILCOM 1999*, IEEE, vol. 1, pp. 458–463.

第8章　人工智能与区块链的融合

Pooja Saigal

8.1　引　言

　　人工智能和区块链是最近几年兴起的两项最有前途的技术。在很短的时间内,这两项技术已经渗透到了几乎每一个潜在的行业。人工智能可以使机器像人类一样做出决策,并能处理复杂的问题,而区块链则提供了一种分布式数据环境,并且保证了数据的透明度、安全性和隐私性。尽管这些技术彼此孤立,但将它们结合起来进行运用还是较有前景的。这种融合将吸取人工智能和区块链的优势,因此产生最终的技术效应将比原先任何一个都更加强大、更为高效。这两种技术相辅相成、互为补充,可以削弱彼此的弱点。由于人工智能需要海量数据来进行预测,这些数据集可以存储在区块链提供的分布式平台上。区块链可以通过使用人工智能来创建自治组织,或将用户控制的数据货币化而受益。人工智能和区块链都处于萌芽阶段,并将各自发展。在本章中,我们将看到这两种技术如何相互作用,以及它们未来融合的发展前景。

8.2　人　工　智　能

　　人工智能(AI)是人类具有想象并将其转化为现实的能力,其真正意义是在最近几十年里实现的。虽然普通人可能没有意识到,但人工智能已经嵌入了社会大众的生活。当在互联网搜索关键词、在上班赶路途中、在网上购物或与朋友聊天时,最有可能在后台使用人工智能。数十年来,航空业一直在使用人工智能来管理空中交通,高效地安排着陆和起飞时间表。波音飞机主要是在起降时需要人工驾驶,而在其余的飞行过程中,则由自动驾驶仪来发出指挥命令。谷歌地图使用智能手机的位置数据,并实时分析该位置的交通路况。通过使用访问者的反馈数据和用户上报的故障、施工、事故等情况,可以提供更准确的信息和路线建议。这些建议通过告知用户两个地点之间最快的路线,大大减少和缩短了通勤时间。Ola(译者注:一种打车软件)、优步(Uber)等各种预约车软件,都使用人工智能来确定乘坐费用、最佳路线,并根据要求以最短时间预订附近能够到达的出租车。他们的拼车功能以最佳方式接受乘客预约订单,尽量减少司机绕行的路程。这些软件基本都采用人工智能技术来确定高峰时定价、预计到达时间(ETA)、送餐时间以及欺诈检测。图 8.1 显示了运用人工智能的一些流行应用。

图 8.1　人工智能的应用

　　人工智能在管理 Facebook、领英(LinkedIn)和拼趣(Pinterest)等社交网站方面发挥着重要作用。Facebook 有一项基于人工智能技术的功能,称为标签,可以识别任何上传图片中的人脸,并为他们提供名字,这个功能基于机器学习的人脸识别算法。机器学习是人工智能的一个分支,旨在开发一种可以从数据中学习、并能预测未知数据结果的算法。对于一个普通人而言,很难理解 Facebook 是如何辨认出他的家人和朋友的。针对添加标签的问题,Facebook 采用了基于人工神经网络(ANN)的机器学习算法,模仿人类大脑的机制来识别人脸。2016 年,Facebook 推出了深度文本(DeepText),这是一个文本理解引擎,可以理解来自多种语言(约 20种)的数千篇帖子的文本内容,其准确性接近人类的理解程度。深度文本有助于识别和标记相关度最高的内容。例如,房地产经纪人最感兴趣的是与销售和购买相关的帖子。因此,深度文本可以识别这样的帖子,并显示最相关的内容。同样,深度文本帮助受欢迎的公众人物从他们贴文的评论中自动识别相关性最高的文本。Facebook 收购了照片墙软件(Instagram),该公司利用机器学习来推荐表情符号。最近,表情符号已经取代了文字并被用来表达情感。机器学习算法还试图通过研究用户在特定时间点使用的表情符号类型来理解用户的情绪。照片墙让表情符号不仅在年轻一代中风靡,而且几乎在所有年龄层的用户中都很流行,它彻底改变了人们相互交流的方式。仅仅在 10 年前,没有人会想到简单的表情符号会被用来表达对一位远方朋友的情感。还有一款流行的社交媒体应用称为拼趣(Pinterest），它拥有一个巨大的图像和视频数据库。拼趣利用机器学习的计算机视觉和模式识别技术，自动识别图像和视频中的物体，还向用户推荐类似的 pin（指可以放入软件版面的图片）。拼趣的视觉搜索功能基于图像匹配，并为任何给定的图像检索提供最佳匹配结果。色拉布（Snapchat）最近很受欢迎，因为它有一种称为"镜头"的功能。这些滤镜可以跟踪面部运动，并为图像添加动画效果。色拉布提供各种各样的滤镜并定期更新，这些滤镜使用机器学习算法来捕获实时视频中人脸的运动。

电子邮件的收件箱功能使用人工智能支持的强大能力来过滤垃圾邮件。它不是基于一组固定的单词，而是不断地从消息、相关元数据和用户响应中学习。谷歌采用人工智能的方法来标记邮件，根据发件人的信息或邮件内容来把邮件分为主要、论坛、社交、推广和更新收件箱。Gmail 还能了解用户是否将电子邮件标记为垃圾邮件或重要邮件。最近，许多银行开始通过智能手机应用程序提供支票存款功能。银行依赖像米泰克（Mitek）这样的公司，这些公司使用基于人工智能算法的身份验证和移动捕获技术来破译和转换支票上的笔迹。银行还通过创建可以从欺诈交易数据中学习的系统，利用人工智能来发现欺诈交易。阿娣亚（Atiya）提出了基于历史数据的神经网络算法，以确定贷款申请人信用价值。这个算法基于许多因素，如申请人的信用历史、交易频率、业务类型等。该算法不仅决定贷款申请被批准与否，还可以确定利率、期限和信用额度。因此，人工智能提升了银行的风险评估能力，并提供了有效的决策，有助于进一步减少银行因欺诈交易和违约客户而面临的损失。机器学习还被用于防止在线信用卡或借记卡交易中的欺诈行为。像万事达这样的金融服务提供商因虚假拒绝而遭受的损失比欺诈更大。因此，万事达卡采用人工智能算法来学习持卡人的购买习惯，以最大限度地减少虚假拒绝，并尽可能地提高识别欺诈交易的概率。

亚马逊（Amazon）和弗利普卡特（Flipkart）等在线购物门户网站在过去几年越来越受欢迎。这些门户网站使用高效的搜索引擎，根据关键字向用户推荐和回馈相关度最高的产品。他们还保留了每个买家的历史记录，并根据其之前的购买情况推荐产品。这些门户网站也拥有客户的人口统计数据，以便推荐其他拥有类似人口数据的客户所订购的产品。亚马逊使用人工神经网络为其客户生成推荐。

如今每部智能手机都配备有语音转换文本的功能。大约 10 年前，用当时最先进的系统准确地将语音转换为文本也是难以想象的。但在目前甚至是智能手机、平板电脑等手持设备，也可以通过机器学习使该功能成为现实。最近，辛顿（Hinton）等提出使用人工神经网络进行语音识别。达尔（Dahl）等提出了用于大词汇量语音识别的上下文相关预训练深度神经网络。我们以说"好的，谷歌，打开地图"开启新的一天，寻找从家前往办公室的最佳路线。一旦我们开始说话，机器学习算法就会立即将其转换为文本并采取行动。要接通电话时，我们只需说"好的，谷歌,打电话给妈妈",它的表现就像一个听话顺从的助手。谷歌的语音搜索功能使用了人工神经网络,这些语音识别系统有时可以比人类更准确地转录。因此,智能个人助理的语音指令现在已经成为新的界面。苹果 Siri 和谷歌 Now 是两个可以设置提醒、呼叫电话簿上的联系人、执行搜索和管理预约的智能助理。通过引入名为亚历克斯(Alexa)的补充硬件,亚马逊的语音识别技术也得到更进一步的发展。亚历克斯是一种个人助理,可以通过识别语音命令来执行许多任务。它由人工智能算法驱动,能够回答用自然语言提出的问题,设置提醒、点餐、播放音乐并执行许多其他活动。

8.2.1　融合范围

上述所有人工智能应用都需要大量数据。最近出现很多旨在提高算法响应时间的研究,针对大数据的高效处理需求是区块链与人工智能技术融合的真正动机。数据分析涉及处理大量数据,并绘制数据集中模式之间的关联性。区块链是一种可以安全透明地存储数据的分布式账本技术。与迄今为止使用最多的集中式操作系统不同,区块链是以去中心化系统为基础。通过使用分权的数据库体系结构,各种采购、验证和维护的操作都取决于多方的同意,而不是单一的中央权威机构。区块链不仅使运营操作变得透明,还能推动该过程更快速、更安全。随着加密货币比特币的出现,区块链的普及日益广泛,其中交易使用了点对点网络上的分布式账本进行管理,该网络具有匿名、开放和公共访问权限的特点。区块链是维护比特币交易账本的底层技术。交易存储在公共分类账中,并通过系统中大多数参与者的共识达成进行验证。区块链上的信息永远不会被删除,因为它保留了每笔交易的可验证记录。数字货币比特币本身备受争议,但作为其基础底层的区块链技术已经完美运行,并在金融和非金融领域都获得了广泛应用。图 8.2 展示了人工智能和区块链这两种不同的技术。最近,萨拉赫(Salah)等针对人工智能技术总结了即将

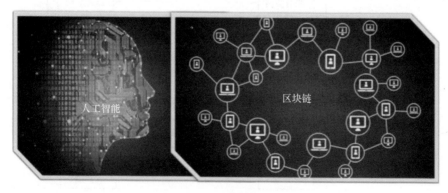

图 8.2　人工智能和区块链

到来的区块链应用和协议。丁(Dinh)和塔尔(Thal)比较了区块链与人工智能的特点,认为两种技术的结合将使新一代数字技术发生革命性巨变。陈(Chen)等最近在区块链网络中提出了一种基于人工智能卷积神经网络的节点选择方案。

8.3　基于 Exonum 框架的区块链

Exonum 是一个开源的区块链框架,允许应用程序广泛读取区块链数据。它采用面向服务的体系结构(SOA),由服务、客户端和中间件 3 个部分组成。其中,服务部分负责区块链应用程序的业务逻辑,旨在实现逻辑完整且运用最低限度的功能来解决特定的业务任务。客户端部分发起区块链中的大部分交易和读取请求。中间件则负责管理业务、客户端之间的互相操作服务、访问权限控制、为客户端的读取请求生成响应等。Exonum 的优点是客户和审计人员更容易实时监测系统。由于采用了面向服务的体系结构,该应用程序可以轻松地重新启用、添加或配置为其他 Exonum 应用程序开发的服务。与无许可区块链相比,Exonum 提供了显然高得多的吞吐量(约 1000 个交易指令/s),并且可以编码复杂的交易逻辑。Exonum 针对验证器节点操作使用了悲观的安全性假,所采用的共识算法不引入单点故障。此外,验证器节点的集合是可重新配置的,从而允许其通过添加新的验证器、为验证器旋转密钥、锁定受损的验证器等方式来扩展安全性。图 8.3 显示了 Exonum 的服务设计,其中每个服务和审计实例都有一个区块链存储的本地副本,以确保数据的真实性且能平衡负载。

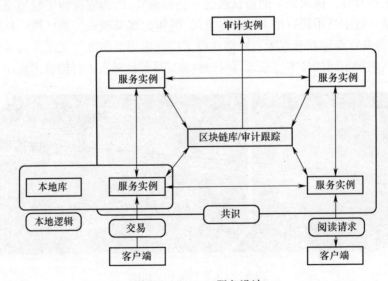

图 8.3　Exonum 服务设计

虽然区块链是随着加密货币的诞生而出现,但现在已经渗透到几乎所有可能的行业,包括金融、医疗保健、音乐、物联网、量子计算等领域。区块链和人工智能这两种新兴技术看起来截然不同,实际上也确是如此。但近年来由于数据的爆炸式增长,已经产生了融合这些技术的需求。类似恩多(Endor)、区块链数据基金会的初创公司,正在积极致力于研究区块链和人工智能的融合。Neuromation 是一家成功的创业公司,提出使用分布式计算和区块链工作证明来革新人工智能模型的开发路径。这些创业公司已经从投资者那里募集了大量资金,这本身就证明了大众对区块链和人工智能的未来充满信心。

8.4 人工智能和区块链:截然不同的技术

人工智能和区块链这两种技术有着截然不同的特点。因此,在讨论技术融合的前景之前,让我们先研究两者融合过程会面临的挑战。如果单独来看人工智能和区块链,它们的哲学理念是不同的。与此同时,它们的结合似乎能够提供强大的解决方案。

8.5 控制位置:集中式或去中心化式

人工智能和区块链对系统中负责控制的部分有不同的想法。人工智能依赖于具有高配置硬件和超大型的完整数据集来训练算法。数据量越大,人工智能/机器学习算法的性能越好。占据庞大数据和完备智能技术的公司将有更多的资源来改进和试验人工智能算法,以此可以得出结论,人工智能需要数据的集中化。为了获得更好的计算结果,它需要在一个位置存储有完整的、经过整合的数据。相对比而言,区块链则信奉数据及其控制的去中心化,接入网络的每个用户都可以使用数据和其他资源。由于网络延迟的因素,区块链数据的分权性会导致执行成本增加,因而为能降低相关成本,必须采取措施来加快数据访问。区块链保证用户对自身数据和计算能力拥有完全的所有权,可以根据需要和请求出租给其他用户。适用人工智能模型合作的各种机构和公司都可以利用区块链上的数据,他们可能不拥有这些数据,但由于去中心化分布使其能够合法地进行访问。计算资源也可以去中心化,因此区块链能够管理人工智能的需求,允许授权用户在多个用户提供的巨大数据集上开发和运行人工智能算法。

8.5.1 可见性:透明或黑盒

人工智能和区块链在保持数据与交易透明性的理念方面存在差异。区块链基于透明度原则,所有授权用户都可以在公共区块链中查看分类账。即便是分类账上的匿名数据也能查到,所有的交易都是透明的,对其他用户而言也是可见的。由于使用了加密技术,区块链还有另一个重要的信任原则。另外,人工智能和机器学习算法非常难以理解。大多数机器学习算法需要高等数学知识,如最优化、线性代数等,并且通常被大多数用户认为类似一个黑盒。相信在未来,区块链可以帮助更好地理解人工智能-机器学习算法。区块链可以提供对人工智能模型训练数据的公共访问权,并能分析模型中的潜在弱点。由于任何人工智能模型的性能都是基于数据的质量,因而数据的公共审计可以提高数据的正确性,也将进一步提高人工智能算法的性能。

8.6　区块链促进人工智能发展

人工智能训练机器像人类一样行动,以做出有效的决策。人工智能算法需要大量数据来进行训练和高效研判。在这方面,区块链可以通过安全地存储和管理数据来发挥重要作用。与传统的集中式数据库系统不同,区块链创建了一个去中心化的分布式数据库网络。这基本上意味着数据存储在一个大型网络上,其中的信息由多方验证,并且一旦输入了数据,就不能从区块链中删除。链上的其他计算机节点将会注意到数据方面的任何非法变动,并纠正无效数据。此外,区块链上的数据通过加密技术进行保护,这使得解密和修改变得非常困难。由于加密签名与所有系统网络上可用的数据相关联,用户能够观察到区块链上数据的任何篡改。这使得区块链成为存储敏感信息的理想选择。因此,区块链被认为比容易受到网络攻击的传统数据库系统更加安全。以此来看,区块链可以支持人工智能的需求,我们期待两种技术之间的无缝交流。本部分讨论了它们相互作用的一些关键特征。

8.6.1　安全数据共享

区块链的去中心化数据库强调多方之间的安全数据共享,因为人工智能依赖于大型数据集,其中的大部分数据将被共享。人工智能算法的性能随着数据量的增加而提高。因此,更多可用于分析的数据,意味着算法可提供更好的预测,并且更加可靠。作为人工智能算法输入的数据应该是有效的,这便需要通过降低任何灾难性事件的发生概率,实现高级别的数据安全性。区块链还要处理敏感数据,并具有支持数据安全的协议。随着多方来源实时数据的有效可用,人工智能算法的性能可以与日俱增。Facebook、谷歌、亚马逊、Flipkart 等公司拥有海量的数据,每秒都在持续增加,如图 8.4 所示。这些数据可能对许多人工智能难题的解决起到作用,但它们不是免费提供给公众的。数据可访问性的限制可以通过区块链的点对点通信概念来解决。由于区块链是一个开放的分布式注册表,其数据可供每个网络用户使用。因此,公司对数据的垄断就会被放松,其他用户也可以访问这些数据。

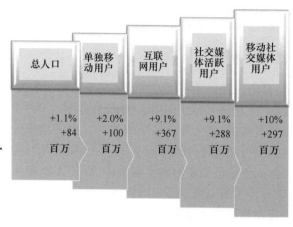

图 8.4 年度数字增长(2018 年 1 月—2019 年 1 月):统计数据变化

8.6.2 数据管理挑战

由于区块链的存在,大量的数据集将可供人工智能算法使用,但同时引发了另一个数据管理的问题。目前预计可用的数据是 32 泽字节,如图 8.5 所示。

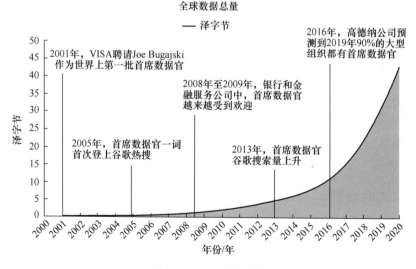

图 8.5 全球的数据量

113

人工智能算法可以建立模型来集成反馈控制,以帮助独立的代理与物理环境进行交互。在分布式-去中心化环境中存储数据,提供了传统集中式数据中心所不具备的某些优势。由于数据位于不同的位置,区块链不会受到自然灾害或任何灾难的太大影响,这些灾害通常会破坏存在于单个位置的任何中央系统。由于区块链协议的健壮性,它在很大程度上避免了数据被破坏的可能。

8.6.3　智能可靠建模和预测

在很大程度上,任何人工智能系统的性能取决于被供给的输入数据流的质量。它遵循计算机系统的"无用输入-无用输出"(GIGO)原则。有些恶意用户为了个人或公司的利益故意修改数据,也会导致结果的改变。由于故障传感器捕获不正确的数据或部分关键数据可能因硬件故障而丢失,在这些情况下的数据可能会意外损坏。区块链可以帮助创建已验证的数据集分区,促使人工智能模型应该只采用经过验证的数据,进一步识别出数据链中的任何错误,并对其进行纠正。这还有助于减少在数据段中排除和定位故障所需的工作量。数据一旦通过区块链中的交易被捕获,就会变得不可更改,任何有意或无意的数据更改都将被系统其他用户报告出来,这使得数据具有可追溯和可验证性。

8.6.4　有效掌控数据和模型

控制对于任何程序的成功运行都发挥着重要作用。区块链和人工智能的融合提供了针对数据和模型的更佳掌控。如果用户为其人工智能模型创建数据,就可以在许可证中为数据指定限制或许可权限。数据许可够能在区块链中轻松完成,其中设置读取或访问数据的权限较为容易。奇点网络(Singularity NET)是一个开源的人工智能市场,它为协作式智能服务的去中心化市场收集智能合约。根据奇点网络团队的观点,区块链技术为管理网络交易提供了交易和簿记的优势,允许用户添加或升级人工智能服务以供网络使用,并获得线上支付代币作为交换。有了这个平台,数据所有者可以管控其数据的使用情况,获得资本方面的收益。因此,区块链和智能合约一起确保了无论由金融交易、应用程序还是客户详细信息生成的数据都是有效的、实时记录且不可变的,推动正确和精准的数据可供人工智能模型使用,实现了交易行为更加快捷和安全。

8.6.5　实时数据

通过提供实时数据访问的服务,人工智能已经改变了医疗保健、金融、天气预报等各个领域,但这些模型因相关数据有限访问权而受到影响,基于所有权的限制可能无法提供所需数据。因此,人工智能算法最终只能处理低质量的数据,其结果可能不够准确。区块链可以克服这种情况,因为它提供了对海量数据积累的访问路径,这些数据可能归属于不同用户所有,是不可改变的,但所有人都能够访问。运用人工智能设计的各种应用程序都面临诸如缺乏身份认证、不必要的中介、欺诈风险、数据所有权垄断、结果不准确性等障碍。人工智能和区块链可以一起减少单个实体的所有权,消除中介机构,并确保数据是安全的、准确的且经过利益相关者的身份验证。

8.6.6 透明度和信任

区块链可以通过维护人工智能模型做出的任何决策细节,增加人工智能的透明度。这些信息可以实时获取,有利害关系的各方可以查看区块链上可用的详细内容,以找出人工智能模型做出的任何不当决策中的错误。随着数据可用性的提高,这些问题可以得到解决,算法也能够得到改进。人工智能彻底改变了现代工业,但由于缺乏信任,其发展受到了影响。区块链在建立信任方面更为可靠,维护了一个能够公开访问的数据和智能模型注册表,这些注册表是不可变的,并通过加密签名进行数字安全保护。区块链用户被允许实时访问经过验证的信息和共识模型,有助于提高用户对系统的信任,并减少对中间人的需求。

这表明,人工智能技术将受益于强大的区块链。人工智能如何改善区块链的功能,值得开展更进一步研究。

8.6.7 基于智能的区块链管理

人工智能可以通过链接管理方式,提高区块链的运营效率。举例而言,如果一名区块链用户向网络同行转移 1 枚比特币,交易可能需要几天才能得到确认。发生这种情况是因为区块链的去中心化特性,比特币矿工将交易分组进行,由于区块大小有限,此类交易量的突然增加可能会进一步延迟交易。如果任何交易需要一个更大的区块,它将被留在队列中等待其他矿工的确认。人工智能可以通过改善交易的确认时间来降低这种情况的复杂性。区块链使用带有强力措施的哈希算法,试图寻找每一种可能的字符组合,直至找到可用于验证和确认交易的最佳匹配。人工智能模型可以代替哈希算法,使用正确的数据进行训练,以高效快速地确认交易。人工智能技术能够改进数据挖掘过程,简化区块链的操作,进一步减少在区块链中挖掘数据所需的时间和处理能力。

夏尔马(Sharma)等解释了区块链的扩展问题,其中区块链的大小以每 10 分钟 1MB 的速度增长,现有数据约为 85MB。区块链尚未采取任何方法来处理数据的优化和消除问题。在这个方面,人工智能可以通过引进一个去中心化的数据优化系统来赋能于区块链。由于每个节点在其数据副本上执行相同的任务,并试图在其他节点之前生成解决方案,因此成本很高,区块链上的点对点交易已花费了数百万美元。人工智能可以通过预测第一个交付解决方案的节点来降低成本,通知其他节点关闭其操作,以便只有最先给出正确解决方案的节点才会完成执行。这将最终降低整个区块链的运营成本,并提高系统的效率。众所周知,区块链能够高度安全地维护数据。人工智能可将多维数据表示、图像标注、自然语言处理、声音识别等特征融入区块链中,允许矿工将一个大规模系统转换成几个较小的子系统,这些子系统可以在更安全的环境中优化数据交易事务。

未来,区块链将存储这些数据,与之利益相关的用户可以直接从数据所有者那里购买。在这种情况下,人工智能可以提供数据使用情况跟踪、权限授予和有效数据管理的解决方案。人工智能模型将充当为区块链数据流动的通道入口。

8.6.8　区块链和人工智能的应用前景

我们已经讨论过人工智能和区块链的不同哲学理念。人工智能信奉对庞大数据集进行集中、快速和复杂的操作,而区块链则提供针对数据和计算资源的去中心、透明但低效的访问。尽管区块链是一项强大的技术,但它因速度慢而受到影响。研究人员正致力于为区块链开发扩展解决方案,以提高其操作运行的速度。如果可以集成这些相反但互补的技术,就能够提出令人瞩目的应用场景。

8.7　人工智能与分布式计算

人工智能和区块链的整合集成,将容易联想到采用挖掘网络来为人工智能算法提供计算能力以进行训练。这些算法很大程度上依赖于利用处理器来进行广泛训练,为了教会算法做出有效的决策,需要进行成千上万次的训练。机器学习算法的训练时间通常比较长,如果系统可以为算法提供更多的计算能力,那么,算法就能以更快的方式进行训练。因此,研究人员和相关公司正致力于研究通过大量图形处理器(GPU)来推动人工智能技术,这些图形处理器已经用于加密货币挖掘。用于区块链的 GPU 网络还可用于为机器学习算法提供更多能力。使用图形处理器挖掘网络的另一个优势在于任何用户都可远程访问超级计算机来运行隐藏的人工智能算法。

8.7.1　数据隐私

区块链存储的是匿名数据,尽管它有办法确定数据的来源。匿名数据为研究提供了很好的机会,开放了对匿名数据的访问,使其可用于分析、模型培训和预测,而不像公司那样对数据进行集中和有限的控制。如果采用去中心化的匿名数据训练这些算法,它们将能够生成偏差较小的模型。美国一家公司可能会用从其人口中收集的数据来训练算法,使用区块链系统之后,数据将不再局限于本地局部区域,而将使用能代表全球人口的数据进行训练。

8.7.2　算法和数据市场

针对数据和计算资源的开放访问将允许人工智能研究人员像在社区中那样进行工作。许多开源包都适用于像 Scikit-learn、TensorFlow 等机器学习模型。区块链将为数据和算法市场创造一个环境,数据科学家和数据所有者将分别因其算法和数据而获得报酬。公司和个人用户可以访问算法和数据,可以创建一个开放的环境,其中人工智能算法的开发不是专有的,而是有一个公共市场,任何感兴趣的用户都能参与其中并做出贡献。这将能帮助用户更好的控制数据。今天,类似谷歌等公司在未经客户同意的情况下收集其数据,如搜索历史以及与谷歌地图、YouTube 等产品进行的交互,利用这些免费数据来创造信息并盈利。区块链会将数据的控制权让渡给其所有者,数据可以被共享以换取某些服务,也可以出售给公司。这个市场将允许任何人通过在线网络和创造值得出售的个人数据来产生收益。

8.7.3　去中心化自治组织

莫汉蒂(Mohanty)等人研究了分权自治组织(DAO)的思想,这是人工智能-区块链的一种应用。分权自治组织以智能合约的形式对规则进行硬编码。这些组织执行操作,但在做出任何决策时都遵循智能合约的规则。通过将人工智能技术与分权自治组织相集成,有可能将基于市场数据和趋势做出独立的决策。由于分权自治组织存在于去中心化的网络中,因而关闭的可能性微乎其微。如果发展顺利,它们可以减少知识型员工的工作量,并通过更好的管理实现经济收支平衡。

8.7.4　医疗保健领域实际案例

世界各地的医疗保健服务提供者都通过电子病历保存系统,记录和跟踪患者的病史。这些系统生成多达太字节的医疗数据,这些数据是健康信息的金矿。有关患者的临床试验、分子诊断学、核磁共振成像(MRI)、心电图等资料具有重要价值,具体取决于数据质量和特定病情的重大性。医生研究和分析这些数据,以评估患者在不同时期的身体状况。除了文本报告之外,图像、视频、语音等数据在预测患者现况方面具有相当大的价值。最近,研究人员分析了如何使用声音和计算机语音识别技术来诊断帕金森病并评估其严重性。

虽然可以获得医疗数据,但人们对不同数据组合的协同效应往往了解不足。可以预见,未来将出现数据经济学家的专业性岗位,从多个角度理解数据的模式。人工智能研究人员正积极致力于建立基于人口统计数据、实验室测试和其他诊断报告等输入特征的准确预测模型。数据值的重要意义取决于应用程序。例如,保险公司会对一个人的近期照片感兴趣,因为照片能更好地反映其健康程度、年龄和总体状况。此外,不同数据类型的组合将比单个数据值更有价值。

医学研究人员面临的一个主要问题是数据的可用性和交换性。由于数据较为敏感,保持高标准的数据安全性也很重要。区块链通过让多方参与数据解密并结合使用非对称加密技术,将减少数据泄露或盗窃事故的发生。基于区块链支持的系统,患者(数据所有者)可以很容易地上传个人数据,通过授予许可权换取按市场价格向其支付的报酬。但同时也带来一个挑战,即设计一种网络货币来克服参与者来自多国所带来的问题。最近,马莫希纳(Mamoshina)等人提出了一种名为生命镑(LifePound)的加密货币。数据所有者可以通过将其数据放在区块链上以生成这种货币,并从激励计划中受益。在这个基于区块链的医疗保健系统中,交易区块被处理和存储,同时管理加密的密钥。数据以加密形式存储于本地存储器,相关用户分为不同类别,有些是数据的所有者,可上传数据并在市场上进行出售,其他是有意向购买数据的消费者,还有一些是数据验证器,所有这些类别的用户都使用生命镑作为加密货币。图8.6解释了由区块链支持的医疗数据市场的架构。

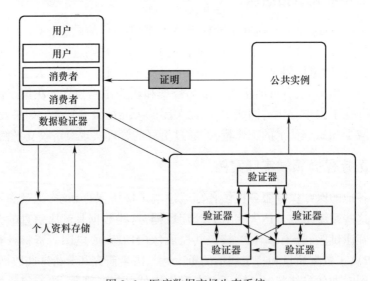

图 8.6 医疗数据市场生态系统

医疗数据市场的客户有4种类型。第一类是拥有数据的用户。他们上传自己的生物医学数据,并可以将其出售以换取加密货币。他们可以保持数据的私密性,也可以匿名提供数据,只向那些付费用户提供访问权限,从网络数据分析师那里收到其健康报告分析情况。另一类系统用户是对购买分析数据感兴趣的客户,可以向用户提供关于其健康状况的报告,从多个用户那里收集汇总数据。由于这是一个开放的系统,验证数据的质量非常重要,该任务则由数据验证器完成。他们确认数据的质量,并向客户做出保证。除此之外,也可能还有其他用户在使用加密货币。

区块链中发生的任何交互作用都以交易的形式进行记录,链上维护保留了记录交易时间戳和批准交易的哈希值。时间戳通过区块链锚定来实现,数字签名和公钥基础设施则能批准交易。医疗数据生态系统的存储可以是现有亚马逊云等云存储工具,为构建应用程序提供了一个平台。这种存储不是区块链的一部分,但需要保存图像或视频形式的大型医疗文件。为了提供对数据的可信访问服务,需要通过区块链建立公钥基础设施。为了保证数据的安全性,上传到云端的数据需要在用户端使用阈值加密方案进行密码加密。数据也可保存在用户的本地存储器,使用户确实能保护其隐私数据并做到对数据的实际控制。还有一种情况,数据也可能被租给客户而非完全出售。区块链系统的完整节点是对区块链中的数据拥有完全访问权的组织,包括3种类型。第一种类型为验证器,负责向区块链提交带有新交易行为的区块;第二种类型是审核市场的审计师;第三种类型是密钥保管者,根据解密数据所需的某个阈值加密方案来维护密钥共享分配。

因此,区块链允许创建一个分布式且安全的个人数据集合,患者(数据所有者)可以全面控制其数据,授予他人访问数据的权限。因此,区块链医疗数据公司最终建立了一个数据市场,患者可以从中获得个人医疗数据的报酬。由此积累的数据语料库将被数据分析师、开发预测模型的组织、制药公司和研究人员使用。目前,很少有人去做全面综合性的定期体检,包括实验室检查、核磁共振成像、心电图等。如果将这些数据与生活方式数据、人口统计数据和病史相结合,将对研究人员具有重大价值。许多公司可以购买使用这些数据来训练其人工智能算法。有更多数据用于人工智能模型开发,意味着更高的准确性。相关数据成果可进一步用于尖端工具的研发。

8.8 小　　结

区块链和人工智能是最有可能彻底改变许多行业的两项技术。可以预见,这两者的协同作用将产生更大的效益。人工智能和区块链的融合将带来不同领域的发展,激发许多潜在的应用场景。相互结合的理念是如此伟大,以至于最近吸引了许多研究人员和组织机构。最初,人工智能与区块链似乎相距甚远,但同时又相辅相成,在金融、医疗、公共服务、安全、银行、物联网等领域都有应用。这种集成式未来愿景是一个去中心化的操作系统,机器能够以更好的方式与人类活动建模交互。

参 考 文 献

1. Chang, Shiyu, Wei Han, Jiliang Tang, Guo-Jun Qi, Charu C. Aggarwal, and Thomas S. Huang. "Heterogeneous network embedding via deep architectures." In *Proceedings of the 21th ACM SIGKDD International Conference on Knowledge Discovery and Data Mining*, pp. 119–128. ACM, 2015.

2. Mitek Systems. https://www.miteksystems.com/mobile-verify.

3. Atiya, Amir F. "Bankruptcy prediction for credit risk using neural networks: A survey and new results." *IEEE Transactions on Neural Networks* 12, no. 4 (2001): 929–935.

4. Bolton, Richard J., and David J. Hand. "Statistical fraud detection: A review." *Statistical Science*, 17, no. 3 (2002): 235–249.

5. Tapscott, Alex, and Don Tapscott. "How blockchain is changing finance." *Harvard Business Review* 1, no. 9 (2017).

6. Bobadilla, Jesús, Fernando Ortega, Antonio Hernando, and Abraham Gutiérrez. "Recommender systems survey." *Knowledge-Based Systems* 46 (2013): 109–132.

7. Hinton, Geoffrey, Li Deng, Dong Yu, George Dahl, Abdel-rahman Mohamed, Navdeep Jaitly, Andrew Senior et al. "Deep neural networks for acoustic modeling in speech recognition." *IEEE Signal Processing Magazine* 29, no. 6 (2012): 82–97.

8. Dahl, George E., Dong Yu, Li Deng, and Alex Acero. "Context-dependent pre-trained deep neural networks for large-vocabulary speech recognition." *IEEE Transactions on Audio, Speech, and Language Processing* 20, no. 1 (2011): 30–42.

9. Assefi, Mehdi, Guangchi Liu, Mike P. Wittie, and Clemente Izurieta. "An experimental evaluation of apple siri and google speech recognition." *Proccedings of the* 2015 *ISCA SEDE*, 2015.

10. Ram, Ashwin, Rohit Prasad, Chandra Khatri, Anu Venkatesh, Raefer Gabriel, Qing Liu, Jeff Nunn et al. "Conversational ai: The science behind the alexa prize." *arXiv preprint arXiv:1801.03604* (2018).

11. Mills, David C., Kathy Wang, Brendan Malone, Anjana Ravi, Jeffrey Marquardt, Anton I. Badev, Timothy Brezinski et al. "Distributed ledger technology in payments, clearing, and settlement." (2016).

12. Iansiti, Marco, and Karim R. Lakhani. "The truth about blockchain." *Harvard Business Review* 95, no. 1 (2017): 118–127.

13. Radziwill, Nicole. "Blockchain revolution: How the technology behind Bitcoin is changing money, business, and the world." *The Quality Management Journal* 25, no. 1 (2018): 64–65.

14. Zheng, Zibin, Shaoan Xie, Hong-Ning Dai, and Huaimin Wang. "Blockchain challenges and opportunities: A survey." *Work Pap.–2016*, 2016.

15. Crosby, Michael, Pradan Pattanayak, Sanjeev Verma, and Vignesh Kalyanaraman. "Blockchain technology: Beyond bitcoin." *Applied Innovation* 2, no. 6–10 (2016): 71.

16. Salah, Khaled, M. Habib Ur Rehman, Nishara Nizamuddin, and Ala Al-Fuqaha. "Blockchain for AI: Review and open research challenges." *IEEE Access* 7 (2019): 10127–10149.

17. Dinh, Thang N., and My T. Thai. "Ai and blockchain: A disruptive integration." *Computer* 51, no. 9 (2018): 48–53.
18. Chen, Jianwen, Kai Duan, Rumin Zhang, Liaoyuan Zeng, and Wenyi Wang. "An AI based super nodes selection algorithm in blockchain networks." *arXiv preprint arXiv:1808.00216* (2018).
19. Yanovich, Yury, Ivan Ivashchenko, Alex Ostrovsky, Aleksandr Shevchenko, and Aleksei Sidorov. "Exonum: Byzantine fault tolerant protocol for blockchains."
20. Erl, T. *Service-Oriented Architecture: Concepts, Technology, and Design*. Pearson Education India, 2005.
21. Mamoshina, Polina, Lucy Ojomoko, Yury Yanovich, Alex Ostrovski, Alex Botezatu, Pavel Prikhodko, Eugene Izumchenko et al. "Converging blockchain and next-generation artificial intelligence technologies to decentralize and accelerate biomedical research and healthcare." *Oncotarget* 9, no. 5 (2018): 5665.
22. Mougayar, William. *The Business Blockchain: Promise, Practice, and Application of the Next Internet Technology*. John Wiley & Sons, 2016.
23. Neuromation. https://neuromation.io/neuromation_white_paper_eng.pdf.
24. Shrier, David, Weige Wu, and Alex Pentland. "Blockchain & infrastructure (identity, data security)." *Massachusetts Institute of Technology-Connection Science* 1, no. 3 (2016).
25. Annual Digital Growth, 2019. https://datareportal.com/reports/digital-2019-global -digital-overview.
26. Digital Data. https://liaison.opentext.com/blog/2017/06/06/ready-chief-data-off icer-cdo/.
27. Goertzel, Ben, Simone Giacomelli, David Hanson, Cassio Pennachin, and Marco Argentieri. "SingularityNET: A decentralized, open market and inter-network for AIs." (2017).
28. Baars, D. S. "Towards self-sovereign identity using blockchain technology." Master's thesis, University of Twente, 2016.
29. Back, Adam, Matt Corallo, Luke Dashjr, Mark Friedenbach, Gregory Maxwell, Andrew Miller, Andrew Poelstra, Jorge Timón, and Pieter Wuille. "Enabling blockchain innovations with pegged sidechains." (2014): 72. http://www.opensciencerev iew.com/papers/123/enablingblockchain-innovations-with-pegged-sidechains.
30. Kraft, Daniel. "Difficulty control for blockchain-based consensus systems." *Peer-to-Peer Networking and Applications* 9, no. 2 (2016): 397–413.
31. Sharma, Pradip Kumar, Seo Yeon Moon, and Jong Hyuk Park. "Block-VN: A Distributed Blockchain Based Vehicular Network Architecture in Smart City." *JIPS* 13, no. 1 (2017): 184–195.
32. Mohanty, Soumendra, and Sachin Vyas. "Decentralized Autonomous Organizations= Blockchain+ AI+ IoT." In *How to Compete in the Age of Artificial Intelligence*, pp. 189–206. Apress, Berkeley, CA, 2018.
33. Wu, Y., P. Chen, Y. Yao, X. Ye, Y. Xiao, L. Liao, M. Wu, and J. Chen. "Dysphonic voice pattern analysis of patients in Parkinson's disease using minimum interclass probability risk feature selection and bagging ensemble learning methods." *Computational and Mathematical Methods in Medicine* 2017 (2017): 4201984.

34. Asgari, M., and Shafran, I. "Predicting severity of Parkinson's disease from speech." In 2010 *Annual International Conference of the IEEE Engineering in Medicine and Biology*, pp. 5201–5204. IEEE, 2010.
35. Gaetani, Edoardo, Leonardo Aniello, Roberto Baldoni, Federico Lombardi, Andrea Margheri, and Vladimiro Sassone. "Blockchain-based database to ensure data integrity in cloud computing environments." (2017).
36. Cramer, Ronald, Ivan Damgård, and Jesper B. Nielsen. "Multiparty computation from threshold homomorphic encryption." In *International Conference on the Theory and Applications of Cryptographic Techniques*, pp. 280–300. Springer, Berlin, Heidelberg, 2001.

第9章 识别区块链机遇及其
商业价值:区块链的互操作性

N. S. Gowri Ganesh

9.1 引 言

随着硬件和软件(操作系统)的不断进步,应用程序的发展也经历了不同的阶段。起初应用程序运行于独立计算机之上并仅令使用该计算机的用户受益,而分布式应用程序则通过客户端/服务器体系结构向大量客户机提供服务。在此之后,随着 Web 服务的引入,应用程序的状态由紧密耦合变为松散耦合。在面向服务的体系结构中,松散耦合的应用程序不共享交易,不信任彼此,仅依赖于某种集中控制的方式。

随着区块链的引入,脱离集中控制的完全独立得以实现,业务网络参与者之间的信任也随之产生。同时,区块链还通过引入像比特币这种加密货币的概念,进而对服务体系产生重大影响。

应用程序开发和安全领域的体系结构现在已经演变为不再需要代理或中介(如银行转账涉及代理手续费,这增加了单笔交易的有效成本),因此通过在未知对等方之间建立信任,可以在去中心化网络中进行对等交易,从而使区块链概念引入的充满机会的新世界成为可能。

通过引入无授权协议和智能合约,区块链使各种应用程序更加完整和独立。松散耦合的应用程序与智能合约的实现具有一种改进的自动交互形式,这种智能合约以传统合约(如服务等级协议(SLA))为基础。

区块链是一个去中心化计算和信息共享平台,可以使多个权威领域在理性决策过程中进行合作和协调。它还被描述为一个开放的分布式账本,通过有效的、可验证的、永久性的方式记录双方之间的交易。“挖矿”解决了将交易记录添加到过去交易的公共分类账的难题。过去交易的分类账就是所谓的区块链。

这确保了没有节点有能力破坏网络并获得控制权。现在的应用程序是以这种方式开发的:业务网络中的每个参与者都会保存业务交互各方之间所有交易的记录或分类账。但区块链允许网络中的任何参与者看到该记录系统或分类账。

123

全世界都在密切关注区块链的最新发展,以确定在其工作领域实施区块链可能获得哪些好处。本章将在 9.3.1 节讨论区块链的特性。区块链的优点促使它与各个应用领域进行融合。区块链的机遇将在如下几节进行讨论:9.4.4 节讨论金融领域;9.4.9 节讨论将其纳入医疗保健系统;9.4.10 节和 9.4.11 节讨论其在城市管理和物联网设备中的应用;9.6 节专门介绍了用区块链方法构建的软件工程实践。

9.2　区块链工作原理

区块链应用程序以去中心化方式工作,彼此未知的节点通过以公共账本的形式共享数据来协同工作。这些数据可能是交易的历史信息,如银行交易,将来每个人都可以使用这些信息进行计算。公共账本确保了一致性,即所有节点数据的本地副本(图 9.1)保持一致,并且总是基于全局信息进行更新。

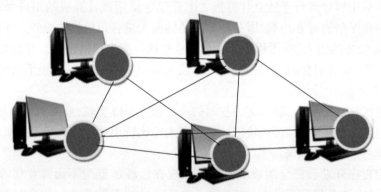

图 9.1　区块链维护参与节点的本地副本,以确保一致性

通常,在大多数应用程序中,参与节点之间存在很多通信模式,如集中式和分布式。在集中式架构中,单个服务器处理所有客户端,因此服务器的故障会导致应用程序停机,这称为单点故障。单点故障的缺点导致服务不可用(巴兰(Baran),1964)(表 9.1)。

表 9.1　去中心化总账中的交易说明

交易	爱丽丝的公共分类账	鲍勃的公共分类账	夏娃的公共分类账	简的公共分类账
1. 初始	1.50 美元	1.50 美元	1.50 美元	1.50 美元
2. 爱丽丝发送 25 美元给鲍勃	1.50 美元 2. 爱丽丝→鲍勃:25 美元	1.50 美元 2. 爱丽丝→鲍勃:25 美元	1.50 美元 2. 爱丽丝→鲍勃:25 美元	1.50 美元 2. 爱丽丝→鲍勃:25 美元

交易	爱丽丝的公共分类账	鲍勃的公共分类账	夏娃的公共分类账	简的公共分类账
3. 鲍勃发送 15 美元给夏娃	1. 50 美元 2. 爱丽丝→鲍勃：25 美元 3. 鲍勃→夏娃：15 美元	1. 50 美元 2. 爱丽丝→鲍勃：25 美元 3. 鲍勃→夏娃：15 美元	1. 50 美元 2. 爱丽丝→鲍勃：25 美元 3. 鲍勃→夏娃：15 美元	1. 50 美元 2. 爱丽丝→鲍勃：25 美元 3. 鲍勃→夏娃：15 美元
4. 爱丽丝发送 30 美元给简	1. 50 美元 2. 爱丽丝→鲍勃：25 美元 3. 鲍勃→夏娃：15 美元 4. 余额不足，交易被阻止	1. 50 美元 2. 爱丽丝→鲍勃：25 美元 3. 鲍勃→夏娃：15 美元 4. 余额不足，交易被阻止	1. 50 美元 2. 爱丽丝→鲍勃：25 美元 3. 鲍勃→夏娃：15 美元 4. 余额不足，交易被阻止	1. 50 美元 2. 爱丽丝→鲍勃：25 美元 3. 鲍勃→夏娃：15 美元 4. 余额不足，交易被阻止

表 9.1 清楚地说明了爱丽丝（Alice）、鲍勃（Bob）、简（Jane）和戴夫（Dave）的去中心化节点是如何参与交易和更新公共账本。当交易发生时，若资金短缺，来自公共账本的信息将会阻止交易 4。

区块链（伊安斯蒂和拉哈尼（Iansiti 和 Lakhani），2017）可以定义为"一个开放的、分布式的账本，能够以可验证和永久性的方式高效地记录双方之间的交易"。

下面是区块链环境中操作流程的描述。

9.3　操　作　流　程

（1）交易广播。每一笔交易通过广播向全网公布并进行验证。

（2）交易收集与验证。交易由参与者验证，并将根据区块大小（比特币为 1 兆比特（Mb））添加到区块中。

（3）采用共识协议挖矿。挖矿过程是为了解决密码难题。如果一个矿工能够解决这个难题，这个区块就会被添加到区块链中。使用共识作为工作量证明（PoW），就像在比特币中一样。区块链中使用了一些共识协议，如权益证明（PoS）、燃烧证明（PoB）和流逝时间证明（PoET）等。

（4）更新区块链。节点收到该块并能够接受该块，前提是计算出的工作量证明正确且包含有效交易。节点将区块添加到它们的分类账副本中。最后一个块的哈希值将用作后续块的前一个哈希值。如果两个矿工同时得到解，则有效区块链为最长的那条链。这说明区块链是防篡改的，任何交易都无法逆转。如果交易块或工作量证明无效，该块将被丢弃，节点继续搜索有效的块，矿工可以在采矿成功后获得奖励。

区块链的工作方式与公共账本类似,具有以下特点。

9.3.1 区块链的特点

区块链通常具有9.3节其他小节概念的特征,并因不同的实现会有所不同。

9.3.2 非对称密钥加密

区块链维护的数字钱包(相当于银行账户)由用户的私钥保护,并且可以使用该私钥生成的签名访问。这个钱包的公钥作为比特币的地址,每个人都知道,可以在每次交易中用于加密,以保护用户的隐私和匿名性。交易使用私钥进行数字签名,用户需要对其保密。

9.3.3 区块包含交易

区块链是在点对点架构上实现的,可以实现信息的交换和共享。文件中的传输信息从源节点广播到整个网络以进行验证。这组交易代表区块链的当前状态。

9.3.4 区块链环境下的共识

共识确保了在分布式环境中存在不可靠个体时的正确操作集。网络的可靠性和容错性是由共识机制确定的。每个参与节点都同意其公共账本使用一个共同的内容更新协议,以保持一致的状态,这称为共识机制。在节点之间达成共识后,区块将被创建并添加到现有的分类账中,以供以后使用。

9.3.5 采矿块验收

矿工解谜成功后,就可以将区块添加到共享账本中。区块链添加了一个由区块中矿工生成的随机数(只使用一次的数字),这是一个伪随机数,因为散列或重新散列的块达到了限制的难度等级,所以不能在重放攻击中重复使用。矿工们试图解决这个难题,以确定最后一个区块中的随机数。节点将已验证的交易累积到一个块中,并使用计算能力来找到一个值,使该块的 SHA-256 哈希值(译者注:SHA-256 是 SHA-2 下细分出的一种算法)小于动态变化的目标值。区块的头部包括任意随机数、前一个区块的哈希值、列出的交易的默克尔树根哈希值、时间戳和区块版本。区块中所有交易散列的哈希值称为默克尔根。每个叶节点都是数据块的哈希值,而非叶节点是其子节点的加密哈希值,这被运用在比特币中。

9.4 区块链系统的分类

区块链分为公有链、私有链和联盟链。

9.4.1 公有链

公有区块链是一个开放的平台,允许不同背景的参与者加入、执行交易和挖掘。这些因素没有任何限制,也称为无许可区块链。每个用户都被授予在区块链中进行交易和执行审计的完全权限。其展示了区块链的开放性和透明性,它不包含任何特定的验证节点,所有用户都可以收集交易,参与挖矿过程并获得挖矿奖励。整个区块链的副本与所有参与的节点同步。

9.4.2 私有链

私有区块链系统用于帮助一群个体(在一个组织中)之间或多个组织之间私有地共享和交换数据。在这里,挖矿由单个组织或选定的个人群体控制,称为许可区块链,因为除非被邀请,陌生人无法进行访问,通过一组规则来决定节点能否参与。这使得网络更倾向于集中化,同时也削弱了中本聪所描述的区块链的去中心化和开放性。节点参与到网络中之后,将有助于运行一个去中心化的网络,但写操作会受到约束集合的限制。

9.4.3 联盟链

联盟区块链是一个部分私有和被许可的区块链,其中单个组织不负责共识和区块验证,而是负责一组预定的节点。联盟链具有构建在公有链中的安全特性。联盟链的共识参与者是网络上一组预先批准的节点。

9.4.4 金融领域中区块链的机遇

在银行自动化的帮助下,计算领域的金融应用将金融交易的主导类型从现金转变为数字货币交易。除此以外,许多公司提供的电子钱包也采用了货币交换媒介的形式。在印度,由印度国家支付公司(NPCI)引入的独特支付接口(UPI)为货币交易提供了便利。另一种相对不同的电子现金形式是加密货币。比特币是一种加密货币,是数字资产的区块链实现形式,可以作为一种交易媒介,具有强大的加密功能以确保金融交易的安全。

9.4.5 比特币

"区块链"一词是在一个加密邮件组的帖子中首次描述比特币时引入的(袁和

王(Yuan 和 Wang),2018),该帖子是一位化名为中本聪的研究人员撰写的题为"比特币:点对点电子现金系统"的文章。区块链被定义为一种去中心化的共享账本,它使用线性时间戳、安全加密的区块链来包含跨点对点网络的可验证且同步的数据。

9.4.6　比特币与传统电子现金对比

比特币与传统电子现金的对比如下。

(1)比特币工作在去中心化环境中,在点对点网络的参与节点中应用分布式共识算法。使用传统电子货币的银行需要集中的服务提供商,并依据法律法规由政府机构控制。

(2)比特币具有伪匿名性。比特币用户的身份与传统的电子现金不同,传统的电子现金将用户的身份存储在服务提供商的中央服务器上。

(3)比特币在货币发行方面受到限制。传统电子现金的货币发行受到通货膨胀率、GDP 等因素进行控制。

(4)比特币软件实现是开源的,一般都可以供用户检查算法。发行银行管理的电子现金的软件的业务逻辑是封闭源代码软件,在受控的安全环境中执行,用户不可获取。

(5)比特币是 0 和 1 的数字化形式。然而,比特币可以通过增加用户来获得价值。用户越信任和使用比特币,比特币就越有价值。相比之下,几乎所有传统的电子货币都有法定货币背书。

9.4.7　比特币生态系统

数字签名和加密的交易由对等方进行验证。加密安全性确保参与者只能在被授权时查看信息,并使用默克尔树将数据分组在一个区块链中。这些区块链存储在区块链网络的所有完整节点上。默克尔树的数据结构经过加密、哈希和非对称时间标记。特别是每个节点在赢得共识机制后,将被允许把竞争期间(通常是一个定期间隔,如比特币系统中的 10min)产生的所有数据放入一个新的时间戳单元以表示创建的时间。如果有相互矛盾的数据,如比特币的重复消费,则只选择一个议定的版本并将其添加到区块中。

比特币块由头部和块部分组成。

(1)块头包含:

① 前一个区块的哈希值;

② 用于构造块的挖矿统计数据(挖矿统计数据–时间戳,随机数和难度);

③ 默克尔树根。

(2) 块部分由交易组成。

图 9.2 以带有默克尔根二叉树的形式展示了交易的结构。如果一个交易被更改,则所有后续的块都需要更改。

默克尔树
根节点
L1哈希码
L1哈希码
L2哈希码
L2哈希码
L2哈希码
L2哈希码
交易T1
交易T2
交易T3
交易T4

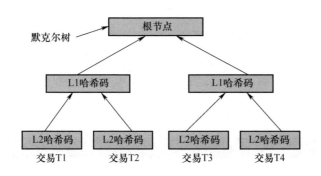

图 9.2　具有默克尔根的哈希交易

挖矿算法的复杂程度决定了区块链篡改的难度。图 9.3 显示了区块链交易的摘要。图 9.4 显示了经过验证和哈希数据的标识符(如通过双 SHA256 算法)、前一个区块、下一个区块和默克尔根。这些区块按时间顺序一个个连接起来,形成了从起源区块到新生区块的整个历史。图 9.5 展示了来自 https://blockchain. com 所选区块的交易。

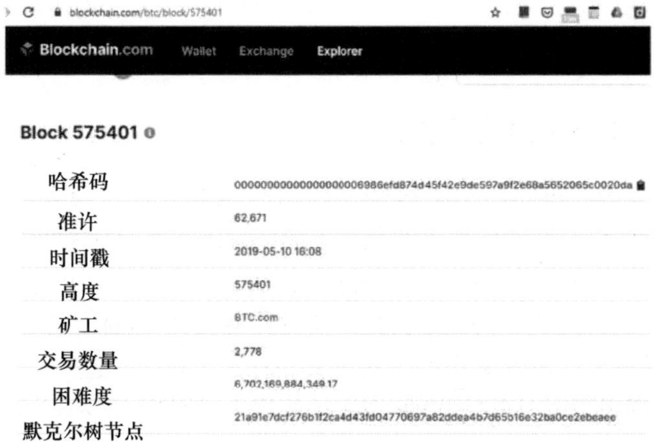

blockchain.com/btc/block/575401
Blockchain.com
Wallet
Exchange
Explorer
Block 575401
哈希码
00000000000000000006986efd874d45f42e9de597a9f2e68a5652065c0020da
准许
62,671
时间戳
2019-05-10 16:08
高度
575401
矿工
BTC.com
交易数量
2,778
困难度
6,702,169,884,349.17
默克尔树节点
21a91e7dcf276b1f2ca4d43fd04770697a82ddea4b7d65b16e32ba0ce2ebeaee

图 9.3　575401 块区块链摘要的快照

(来源:https://www. blockchain. com/btc/block/575401)

哈希码	
哈希	0000000000000000006986efd874d45f42e9de597a9f2e68a5652065c0020da
先前区块	0000000000000000000c5fd3157121e2a0f82d8468ecab1b91198fed2f1f5373
下一区块	0000000000000000020bb6a82601d1b8e861b337518bf3e1f892670daa2f8f4
默克尔树根节点	21a91e7dcf276b1f2ca4d43fd04770697a82ddea4b7d65b16e32ba0ce2ebeaee

图 9.4　块头部摘要的快照

（来源：https://www.blockchain.com/btc/block/575401）

图 9.5　575401 区块的交易

（来源：https://www.blockchain.com/btc/block/575401）

9.4.8　金融交易中的公平支付

公平交换（刘（Liu）等，2018）是在不一定相互信任的参与者之间进行的。一个公平的交换协议必须确保恶意的玩家不能获得比诚实的玩家更大的优势。因此我们要考虑"付款收据"，其中一个实体爱丽丝（Alice）向另一个实体鲍勃（Bob）进行数字支付，以获得数字签名形式的支付收据。我们的目标是探索将公平交易集成到现有加密货币支付方案中的解决方案空间（为了简洁起见，下文简称为公平支付）。我们假设通信是弱同步的，在这种情况下，消息发送和接收之间一定存在延迟。

9.4.8.1　使用时间锁实现公平交换

如果付款未被使用，允许付款人在时间窗口内付款。爱丽丝生成一个交易，该交易允许她支付鲍勃预定的金额，条件是鲍勃必须在一定时间内发出有效的消息

130

签名。这个交易的结果被输入到以下两个区块链交易中的一个。

（1）由鲍勃签名的交易,该交易包含被请求消息的有效签名(交换成功且公平)。

（2）由爱丽丝签名的交易,且时间窗口已经过期(交易失败,钱退还给爱丽丝)。

9.4.8.2 使用可信第三方的乐观公平交换

该协议基于可信第三方(TTP)的存在,但仅以乐观的方式体现:只有当玩家试图作弊时,才需要可信第三方。如果爱丽丝和鲍勃诚实且行为正确,可信第三方通常不需要包括在内。

9.4.8.3 区块链中的攻击

区块链中的分叉(块序列的新分支)是指改变先前版本或偏离现有区块链协议。分叉可能有两种类型:软分叉和硬分叉。硬分叉是由一组对现有协议升级感兴趣的成员决定(如改变共识算法、区块大小等)来推出区块链的新版本,不向后兼容。软分叉是对现有区块链的软件更新,并与现有区块链兼容。由于存在恶意分叉的可能性(旨在创建具有恶意需求的区块链分叉),共识机制着眼于摧毁协议分叉的另一分支,它被用作在敌对协议分叉的上下文中攻击父链的一种形式。干草叉攻击的主要思想是使用合并挖矿作为对无许可工作量证明加密货币中另一分支的攻击形式,这是共识规则中有争议的变化结果。区块链必须降低受影响分支的可用性,以便矿工离开有问题的分支,切换到执行合并挖矿并遵循新的共识规则的分支。

9.4.9 医疗保健系统中区块链的机遇

区块链技术在医疗保健领域有重要应用(卡西诺(Casino)、达萨克利斯(Dasaklis)、帕萨克利斯(Patsakis),2019),如健康管理、健康记录管理、健康申明、在线访问病人、不损害数据隐私的情况下使用患者医疗数据、仿冒药品、临床测试和精密医学。

电子医疗保健患者(EHR)管理记录往往是增长潜力最大的领域。使用基于区块链的电子医疗保健患者管理系统可以避免没有去中心化的服务器被黑客干扰或破坏,从而导致单点故障的问题,同时数据可更新且始终可用,来自不同来源的数据被收集到一个数据库中,健康记录以分布式方式存储。

一些项目专注于特定的数据模式,如基因组学和成像。尤其基因组学在企业中引起了极大的兴趣,这可能是由于基因组测序的普及、基因组数据的重要性以及货币化的巨大潜力。"23 和我"(23andMe)和"祖先 DNA"(AncestryDNA)等私人基因组公司通过向实验室和生物技术公司等第三方机构出售访问权,将基因数据变现。Encrypgen、Nebula Genomics、LunaDNA 等初创公司正在开发利用区块链技术的基因组数据交换平台或网络。他们声称,通过一个基于区块链的平台,可以降低基因组测序的成本,控制患者数据,并与患者分享从数据货币化中获取的价值。

许多提出的解决方案都基于知识产权管理模块,这些模块也可以应用于药物开发的创新。这方面的一个例子是拉比公司(Labii)基于区块链研制了电子实验室笔记本。伯恩斯坦公司提供了带有时间戳的基于区块链的数字跟踪管理系统以保护知识产权优先级。这一功能可用于协同药物研究。来自 iPlexus(译者注:一家初创公司)的解决方案是利用区块链使所有未发表和已发表的药物开发研究数据可用。

区块链在管理药物研究的临床试验方面也有应用案例。例如,电气与电子工程师标准协会(IEEE Standards Association)举办了区块链临床试验论坛,探讨区块链在患者招募创新中的使用,以确保数据完整性,并在药物开发中取得快速进展。论坛上提出的区块链项目 Scrybe 为加速临床和研究试验提供了一种有效可靠的机制。

并行卫生系统(PHS)(王(Wang)等,2018)利用人工卫生系统建模,显示患者状态、诊断和护理情况,然后利用计算机实验分析和评估各种治疗方案,执行并行实现以支持医疗保健领域的实时决策和优化(无论是在实际情况下还是在人工情况下)。新兴的区块链技术正在应用于并行卫生系统的建设。特别是将部署由患者、医院、卫生办公室、医疗界和医学研究人员组成的联盟区块链,因此智能和区块驱动的合同将使电子病历(EHR)的交换成为可能。

MedRec(译者注:MedRec 是麻省理工开发的医疗领域公有链)和患者币(Patientory,又称 PTOY,是一款比特币)提供基于以太坊来交换患者健康信息的区块链平台(郭(Kuo)、库扎瓦莱塔 · 罗哈斯(Zavaleta Rojas)和大野町(Ohno Machado),2019)。在临床数据共享和患者远程自动监测等应用中也采用了相同的方法。肿瘤治疗患者的临床数据交换框架建议使用超级账本(Hyperledger)。超级账本还参与了制定机构审查委员会的法规实施框架。此外,超级账本可用于移动卫生、医疗数据存储或访问等应用程序中。

还有一些与健康相关的区块链应用程序,它们没有明确显示的主要平台,如计划用于基因组和医学研究的数据库露娜(Luna)DNA。选择健康区块平台会消耗大量精力,也会产生其他一些问题,主要包括区块链的开放性(如公共的或私有的)、修改和分发代码的能力(例如许可证)以及对特定硬件的需求(如软件保护扩展(SGX)处理器)。

患者中心代理(PCA)(乌丁(Uddin)等,2018)包括轻量级通信协议,可在连续实时患者监护体系结构的各个部分中加强数据安全。架构涉及将数据输入私有区块链,以促进医疗专业人员之间的信息交换,并将其集成到电子健康记录中,同时保持隐私性。区块链要应用于远程患者监测(RPM),需要进行修改,要求患者中心代理(PCA)挑选矿工以减少计算量。这使得 PCA 可以为同一患者管理多个区块链,并改变之前的树块,以最小化能源消耗和保证支付交易安全。

该安全机制的中心是一个密钥管理系统(赵(Zhao)等,2018),因此在区块链可以用于医疗保健系统之前,必须设计适当的密钥管理计划。根据健康区块链的特点,该文作者使用人体感知网络设计了区块链密钥的轻量级备份和高效恢复方案。作者的分析表明,该系统提供了高水平的安全性和效率,可用于保护健康块中包含私人信息的消息。

预防处方药滥用(恩格尔哈特(Engelhardt),2017):处方药滥用涉及可应用区块链技术的明确挑战。在一个例子中,努克(Nuco)试图使用三种常用的方法来进行处方欺诈:改变处方的变化数量,复制处方(如"医生购物"),作为骗子拜访许多医生以收集尽可能多的原始处方。

努克基于区块链的处方滥用问题解决方案如下:当医生开出处方时,它附加一个机器可读的代码作为唯一标识符。然后,这个唯一标识符与包含药物名称、号码、患者的匿名身份和时间戳的信息块相关联。如果药剂师已填写了处方,图标将被扫描并完成处方的记录,同时与区块进行比较,药剂师会立即收到处方符合要求的通知,并将提供信息以验证处方的正确性。

努克的解决方案集成了现有的使用模式,并使用现有的技术(如药剂师只需要智能手机或类似的设备便可读取唯一标识符)确保与现有协议的互操作性。互操作性将是一个重要的解决方案,因为新的区块链具有与现有项目以及新的信息存储技术的接口。

健康链研究公司(HealthChainRx)和 Scalamed(译者注:这是一家澳大利亚公司)也在致力于研究基于区块链的反处方欺诈解决方案。健康链(Healthcoin)率先开发了一种基于区块链的解决方案,让人们共同努力改善糖尿病症状。此后,该公司扩大了其发展愿景,希望建立一个全球电子健康记录系统。

康贝健康(healthcombi)试图通过引入护理中介层来与护士站(PointNurse,一家医疗平台初创公司)合作,以确保不可变区块记录中的数据足够准确并能够正确地传输给患者。患者可以了解如何准备访问他们的医疗记录并进行更新和控制。

牙科币(Dentacoin)是一项计划,旨在使用区块链技术连接全世界的牙医、患者和供应商(生产商和实验室)。牙科币提供了区块链中固有的可信度和去中心化,可在参与方之间发展规模经济,而不需要额外中介机构来管理网络中每个单独部分之间的交互。

患者币(Patientory)(卡图瓦尔(Katuwal)等,2018)是第一批进行首次代币发行(ICO)融资的区块链医疗初创公司之一。它开发了 HIE,并拥有自己的区块链。飞利浦医疗保健公司的健康套房视野(Health Suite Insights)检查了可验证的数据交换过程(确保数据的正确性),该产品允许在医院和大学网络成员之间共享安全和可追踪的数据。网络内的所有数据交换以及交换数据的人的身份都存储在区块链中,以创建数据交换的审计线索。

Medshare(译者注:一美国民间医疗援助组织)(乌丁(Uddin)等,2018)通过输入源数据以及审计和跟踪医疗数据,允许不可信任方之间进行基于区块链的电子医疗记录数据交换。他们声称,通过智能合约和访问控制系统,他们的系统可以有效地跟踪数据行为,并根据错误的数据规则和不足的权限决定撤销对数据的访问。Iryo(译者注:一健康医疗生态系统)是为实现开源电子健康档案(OpenEHR)格式数据存储库的全球完整性而创建的。

医疗保健数据网关(HDG)是一个智能手机应用程序,集成了传统数据库和区块链分布式数据库来管理患者健康信息。他们提出了一种多方计算(MPC)方法,允许第三方访问数据但不改变数据。密钥管理基于区块链健康体系结构上的模糊存储库。基于区块链的完整性框架架构包括患者用户传感器节点、多个植入节点和身体区域传感器输入节点。该门户支持传感器节点收集生理数据,并将聚合数据发送到指定医院,这些医院分别在区块链中构成一个区块。网关生成的消息被认为是一个区块。可穿戴传感器节点在将生理数据发送到网关节点之前生成密钥,并使用患者身体信号生成的密钥对数据进行加密。区块链社区和医疗专业人员都不能泄露患者信息,病人只能从他们的生理数据中恢复密钥来解密数据。然而,这种方法给功率有限的医疗传感器带来了巨大的负担,因为这些传感器必须在解密过程中构建关键的患者生理数据。

患者中心代理(PCA)将患者的身体传感器网络(BSN)连接到个性化区块链网络。患者中心代理决定哪些数据应该包含在区块链中,哪些矿工应该被选择。区块链不仅是一个分布式的患者数据库,也是一个由区块链上所有节点检查的真实平台。区块链节点可以由医疗保健提供者、其他组织或个人提供。

一个身体传感器网络(赵(Zhao)等,2018)由位于人体上或体内的数十个生物传感器阵列组成。该节点配备各种生物传感器,可检测血压(收缩压和舒张压)、心电图、血氧含量(Sp02)、光体血谱信号(PPG)等生理信号。除此之外,他们还配备了无线网络芯片,这些芯片不仅帮助生物传感器节点形成身体传感器网络,还可以帮助这些节点将复合生理信号发送给特殊的关系节点(通常称为 PDA),这些节点负责组合信号并将其发送给远程医疗中心(如医院)。

2017 年 9 月,法国领先的保险集团安盛(Axa)基于以太坊的 Fizzy™ 平台提供了参数化航班延误服务,该平台使用了与全球航班数据库相关的智能合约。在检测发现航班延误后立即开始赔付,省去了额外文件的需要。这样的方案可以在医疗保险中通过区块链实现,因此不需要检查病历,并且流程非常高效。

9.4.10 城市管理领域中区块链的机遇

数字治理(沈和佩纳莫拉(Shen 和 Pena-Mora),2018)为可持续发展的重要议程做出了贡献,如减少腐败、降低行政成本、确保文件完整性以及将捐助者和弱势群体(如难民和流离失所者)联系起来。这对了解作为数字技术的区块技术是如何对城市管理产生重大影响的很有帮助,可以从智慧城市管理的 4 个理想概念开始(梅杰(Meijer)和玻利瓦尔(Bolívar),2016)。它们包括智慧城市政府、智慧决策、智慧行政、智慧城市协作。

基于区块链系统的城市管理旨在改变政府两个最重要的内容:一个是投票选举;另一个是政府税收。电子投票系统的目的是实现匿名、隐私和透明。匿名确保了选民的声音不会被起诉。隐私保证了选民的数据不会被滥用,透明保证了选举机制不会被违反。基于区块链的投票系统的设计可以在许多研究中找到原型。然而,所有这些系统存在的一个问题是,选民身份验证必须在区块链之外的个人层面上得到保证。

在税收领域,区块链解决方案可以让税务机关更好地控制税收系统。税务机关可以管理一个私有区块链,以监控增值税发票,并保持有关应税交易的不可变信息,以避免税收损失。

阐明这一远景的一个项目集中在城市决策领域。目前的城市规范,如政策、规划、法规和标准,由于其自上而下的交付和实施方式,其实还无法应对城市可持续发展的挑战。基于区块链的机制使自下而上真正交付和执行城市法规成为可能。在政策和法规方面,公民将他们的城市需求提交给区块链,由区块链共识机制为当局起草政策提供优先次序,这些草案将通过区块链验证功能予以批准,也可以通过区块链上的投票机制来批准将这些计划进一步转换为实体形式(如基础设施项目的建设)。为了便于复制和扩展,还可以对计划和法规进行标准化,使用相同的自下而上的方法对公民参与标准化。

区块链系统被提议支持不可变教育过程的记录。有人建议记录创造性的工作或想法以获得科学声誉,记录学生在各种学习组织中的活动,并允许世界各地的高等教育机构给在课程中完成了他们的想法展示的学生加分。培训和其他记录可列入管理个人记录的一般系统,供公司和审计部门使用。

研究人员还利用区块链来解决与学术界相关的问题。应用实例涵盖了保护知识产权的研究方法、同行审查和研究出版物的整个生命周期。首先,在实验阶段,如果有必要,可以对数据记录系统及其结果进行封锁和释放,以避免由于疏忽或故意错误(如研究数据审计跟踪)而损坏实验完整性。建议使用基于区块链的自适应编排进行协作实验,这可以复制为计算机模拟实验,以实现可靠的可重复解释(RARE)研究和可发现、可互操作、可重用(FAIR)结果。其次,论文阶段引入了一个基于区块链的平台,该平台根据作者的变化来存储和度量作者的贡献。再次,同行评审阶段的区块链系统也可以促进及时和可持续的评审过程。如上所述,如果编辑收到质量检查,系统可以给审查员一个密码奖励。这种有价值的货币后来可以用于在期刊上发表审稿人的论文,从而形成一种激励机制。最后,在发布阶段的先前工作中使用了语义 Web 技术,让作者有从事进一步科学研究的机会,可以开放供评论、会议或期刊使用。这允许去中心化式发布系统,其中包括区块链、智能合约和移动代理服务器(MAS),以协调农产品中食品的可追溯性。新模式的实施将通过增加区块链来增加现有农产品的供应链。下面将描述当前的供应链和基于区块链模型的供应链架构,包括新供应链模型带来的优势。

(1) 当前供应链。该模式从制造商和进口开始。两个供应链成员将他们的产品和数据发送到供应链的下一层。下一个转变是出口、加工或批发。这是处理供应链主要产品的中间层。最后一层容纳了销售产品的零售商和餐饮服务提供商。该模型的主要缺点是供应链中每个元素中的数据都是集中的,其他元素无法看到交易。这种错误的主要结果是消费者没有机会检查购买食物的来源。此外,无法确保用户数据是可靠的。

(2) 基于区块链的供应链。随着区块链加入农业,供应链发生了变化。现在,所有供应链成员将他们所有的交易存储在一个区块中。这使得交易更加安全。此外,这种新的供应链模式修正了现有供应链的缺点。数据是去中心化的,每个成员都可以读取关于区块操作的重要数据。例如,制造商可以查看处理器产品信息、运输供应商取货的详情信息。

可追溯系统(陆(Lu)和徐(Xu),2017)通过在生产和分销期间提供信息(如产地、部件或位置)来实现产品跟踪。产品供应商和零售商通常要求独立且经政府认证的跟踪服务提供商来验证整个供应链上的产品。如果全部都符合要求,可追溯服务提供商将签发一份测试证书,确认产品的质量和真实性。跟踪系统通常将信息存储在由服务提供商控制的传统数据库中,集中式数据存储存在单点故障和被篡改的风险。

因此,可通过用区块链替换中央数据库来重新构造当前的可跟踪系统进而解决问题。起源链(Origin Chain)提供了透明的数据跟踪,增加了数据可用性,并自动进行合规测试。起源链基于用户跟踪信息进行了实际测试。产品供应商和零售商出于各种目的要求跟踪服务。供应商希望获得向消费者展示其原产地和产品质量的证书,并遵守法规,经销商想检查产品的产地和质量。

起源链目前使用私人区块链,这些区块链在地理上上分散在跟踪服务提供商中,这些服务提供商在 3 个国家设有办事处。该计划是为其他组织创建一个可靠的跟踪平台,包括政府认证的实验室、大型供应商和有长期计划的零售商。双方签署了一份涉及跟踪服务的法律协议。起源链生成了代表法律协议的智能合约。智能合约对协议中指定的服务和其他条款的组合进行编码。智能合约可以自动检查并应用此条件。它还将检查规定要求的所有信息是否可用,以便对公司是否遵守规定进行自动审查。

跟踪服务提供商管理必要的可追溯信息(如法规、检查日期等以及证书或照片的哈希值)。由于数据内存仅限于区块链,起源链将区块链和两种类型的数据一起存储为智能合约的变量。

(1)可追溯证书或图片的哈希值。

(2)法规要求的可追溯性信息,如批号、可追溯性结果、产地、检验日期等少量信息。原始文件和照片(.pdf 或 .jpg)形式的追溯证书和智能合约的地址是链外的。它在起源链托管的集中式 MySQL 数据库中可用。其他合作伙伴可能仍有自己的产品信息数据库(针对供应商或零售商)或其他样本编号(针对实验室)。实验室定期将外部世界的测试样本结果注入区块链。区块链权限控制可以是链下或链上。然而,无论从操作角度还是从管理角度来看,集中式的链外权限管理模块都可能是退出的焦点。起源链存储控制信息,如拥有加入区块链网络的权限的信息(拥有所有历史交易的副本)。链上权限管理通过影响去中心化的区块链的性质来利用区块链,以便所有参与者都可以访问区块链。在起源链上,工厂合约创建一个智能合约。这降低了创建特殊智能合约的复杂性。雇佣合同包含表示各种跟踪服务的代码片段。创建智能合约需要获得搜索服务提供商和供应商或经销商的许可。当调用工厂合同时,它会创建两种类型的智能合约:签名合同和服务合同。注册合同是一种法律协议,通过将注册协议中指定的地址更改为新版本的地址,可以续订服务合同。可能的更新包括在签署原始法律协议或根据可用性选择测试实验室后,从法律协议中添加或删除服务。注册协议包含允许续订注册协议的地址列表以及升级所需的最小地址数量的阈值。

9.4.11　物联网设备领域中区块链的机遇

安全性(科隆(Kolokotronis)等,2019)和隐私性已成为物联网产品和服务推出过程中越来越重要的因素。最近有一些攻击是利用互联网设备进行分布式拒绝服务攻击,监视人员和劫持通信链路,这样攻击者就可以完全控制他们可以远程访问的任何内容。分布式拒绝服务攻击、云计算攻击和移动攻击是最常见的攻击。僵尸网络的可用性导致了分布式拒绝服务攻击次数显著增加,物联网很可能将进一步促进这些僵尸网络的产生。最近的一次分布式拒绝服务攻击是发生在 2016 年 10 月的 Mirai 僵尸网络袭击,袭击影响了数百万用户和企业,并影响了推特(Twitter)、网飞(Netflix)和美银宝(PayPal)等主流服务器。这个简单的恶意软件感染了使用默认设置和凭据的互联网设备。2016 年 10 月,美国供应商 DNS Dyn 遭遇了一次网络攻击。Dyn 攻击来自"数以千万计的 IP 地址",一些流量来自物联网设备,包括网络摄像头、婴儿监视器、家庭路由器和数字视频录像机。名为 Mirai 的恶意软件控制着在线设备,并利用它们发起分布式拒绝服务攻击。这个过程包括钓鱼电子邮件感染电脑或家庭网络,恶意软件随后会扩散到其他设备,如连接到互联网并感染供企业使用的硬盘录像机(DVR)、打印机、路由器和摄像头,大多数公司被迫在监控问题上妥协。像撒旦(Shodan)和物联网扫描器(IoTSeeker)这样的工具可以很容易地用来检测易受到攻击的设备。因为基于互联网的设备的自给能力非常有限,这就提出了一个重要的问题,即如何防止此类漏洞被广泛使用。

对涉及制造商的漏洞配置文件的创建和管理可确保用户在安全和隐私问题上得到严肃处理。区块链必须定义一种超越彼此的新的基本安全方法。

设备本身必须包含以下内容。

(1) 身份安全。阻止身份盗窃,禁止使用不公平的公钥证书以对抗"中间人"的对策。

(2) 数据保护。防止数据篡改,开发访问控制机制以防止区块链滥用。

(3) 安全通信。域名服务、分布式拒绝服务攻击、重要信息基础架构保护。

通过透明性实现公共安全的方法对于互联网而言具有明显的好处。为了提高支持物联网的用户边缘路由器(CE)设备的安全性,请考虑其生命周期中的以下阶段。

9.4.11.1 登记

组装后,产品进入一个区块链,该区块链将其加密轨迹与区块链条目链接起来。

9.4.11.2 更新

如果进行了更改,例如固件更新,新指纹会由对等体创建并发送到网络,这些网络会使用共识算法在其本地副本中插入指纹。

9.4.11.3 检验

节点可以通过重新创建指纹并将这些值与一个块中的条目(正确)进行比较,以随时检查设备属性。

但是,伴随着适用于应用程序的共识协议,这可以被认为是希望该设备在某些情况下表现良好,不会对另一方构成威胁或危险。客观的(如脆弱性、完整性等)和主观的测量(如建议或声誉)都有助于在计算中使用加密块作为替代比特币(称为山寨币(Altcoins))形式的区块。这些例子包括分布式访问管理系统,用户拥有并控制自己的个人信息,二进制系统、证书监控系统和加密机构等机构可被设备用于促成针对特定目的的分布式拒绝服务攻击(DDoS)。想要严格管理该方案的安全性,主要取决于有关基本块数据结构安全性的假设。

当区块链集成到物联网技术时,物联网设备将在跨分布式书籍和智能合约之间交换数据。在这个场景中,因为每个设备都会留下唯一的轨迹,所以每个设备都可以断开连接,并根据设备生成足迹。因此,当一个设备与某人关联时,个人数据就会被处理。这符合欧洲数据保护法规(GDPR)(EU 2016/679),根据该法规,即使假名降低了数据主体的数据造成威胁的风险,也不能被视为匿名。假设 GDPR 适用于大多数组织,即使它们不在欧盟内,但它们的数据是在欧盟法律管辖范围内处理的。

区块链在法律合规性方面可能面临的另一个挑战是,当用户(如果有)取消了处理授权,则需要从书籍中删除个人数据。这在 GDPR 中被称为被遗忘权。

万国商业机器公司(IBM)和三星之间的合作已经产生了一个自主的、去中心化的点对点交换平台。特别是以太坊通过提供注册、认证和共识撤销列表等功能来协调设备。短剑(Gladius)最近提出了一种使用区块链来减少分布式拒绝服务攻击的方法,在区块链中通过动态形成池节点(通过智能以太坊合约),以验证请求的链接并阻止恶意活动。用于物联网拦截器的其他安全工具,如公证通(Factom)、丝极(Filament)和守卫者时刻(Guardtime)已经开发出来,重点是保护系统组件的完整性。

通过集成的万国商业机器公司沃森(IBM Watson)物联网平台,用户可以将互联网上选定的注册表数据块添加到共享交易中可能包含的私有注册表块中。该平台将来自设备的数据转换为一个区块合约所需的应用程序接口(API)格式。区块链协议不需要知道设备数据的特殊性。这个平台过滤设备上的事件,只发送执行合同所需的数据(ibm. co/2rJWCPC)。

例如,基于区块链的物联网解决方案提供商"丝极"(Filament)推出了名为"水龙头(Taps)"的无线传感器,可以在 10mile(Bit. ly/2rsxZYf)内与计算机、手机或其他设备进行通信。水龙头可以创建低功率、自主的网状网络,使公司能够管理实际采矿作业或农田中的水流。水龙头不依赖云服务。设备标识和内部通信由区块链来保护,区块链持有每个参与节点的唯一标识。

商业是创建面向区块链的软件背后的主要原因。因此,区块链应用程序对安全性要求更加迫切,对于专门的软件工程流程也是如此。

9.5　区块链之间的互操作性

异构区块链系统之间不能相互信任或通信,无法交换价值。然而,在分类账之间转移资产会较为便利,消费者对在区块链之间的信息交换越来越感兴趣,用不同的链连接活动是有意义的。例如,一个机构可以要求区块链中的资金到账,以便将资金适当地转移给其他机构。事实上,有许多连接器能够促进这些分类账之间的支付,而引入新的连接存在重大障碍。

吉迪恩(Gideon)提出了一种易于配置的多通道,可以与不同的区块协同工作。此外,链与链之间可以实施连接。例如,区块流动(Blockstream)中提出的挂钩侧链,允许在几个区块之间进行战斗传输和其他注册资源。

为了减少异构去中心化账本之间的障碍,存在一个扩展的区块链架构,称为交互式多区块链架构。侧链是比特币协议的补充,允许比特币和侧链之间进行无信任通信。挂钩侧链可以在许多区块链之间转移比特币资产和其他账本。用户可以很容易地使用其他系统上的资产访问新的加密货币系。

宇宙(Cosmos)是一种新的网络体系结构。这允许并行区块链在保持其保护属性的同时协同工作。许多独立的区块网络称为区域。这些领域由一个高效、一致和安全的共识引擎提供动力。宇宙的第一个区域是网络的中心。它充当整个系统的政府,允许网络进行调整和现代化。此外,可以通过连接其他区域来扩展集线器。区域提供了与新区块链的未来兼容性,因为每个区块链系统都可以连接到宇宙中心。它还可以将每个人与其他地区的失败隔离开来。宇宙允许区块链通过协议进行通信,如某种用户数据报协议(UDP)或虚拟传输控制协议(TCP)。优惠券可以安全、快速地从一个地区转移到另一个地区,而无须在区域之间交换流动性。要监视区域持有的令牌总数,所有令牌都要通过宇宙论坛(Cosmos Hub)。

波卡币(Polkadot)是一个独立链的集合,具有集成的安全性和共享无信任的链间可交易性。为波卡币提供的应用程序必须与副链平行。每条副链都由波卡网络的另一部分操作。波卡币在中间件层次上留下了大量的复杂性。此外,它概述了多链协议,该协议可以扩展为区块链协议,并兼容通过创建称为路由器区块链的动态块网络进行交互的异构块系统。路由器区块链中包含一定数量的路由器节点。在节点成为路由节点并成为该路由器块的成员之前,链就加入了区块链网络。所有具有不同电路详细信息的路由节点都将成为支持路由器信息的区块链系统。更新路由信息后,所有的路由器节点都会匹配最新的路由表。通过这种方式,路由器区块链系统记录了每个参与区块链的有效地址。当线路 A 和线路 B 之间产生一个交易时,线路 A 可以连接到线路 B,发送的数据对应于写入路由器区块链中的路由信息。

9.6　构建面向区块链的软件

面向区块链的软件(BOS)(波鲁(Poru)等,2017)被定义为使用区块链实现的软件。区块链是一个由以下关键元素标记的数据结构。

(1) 数据冗余(每个节点都有一个区块链的副本)。

(2) 验证之前的交易需求验证。

(3) 按顺序记录交易块,使其由共识算法控制。

(4) 基于公钥加密的交易。

(5) 交易脚本的可能语言。

软件体系结构:对于特殊的面向区块链的设计记录开发,可以定义一个宏观体系结构或元模型。为此,软件工程师必须建立选择块性能的标准,以最适合于评估侧链技术或临时块应用程序的可接受度。例如,以太坊5(Ethereum 5)接收了密钥存储,这是一个非常简单的数据库。使用更高级别的数据表示(如图形化对象)会远快于使用键值存储库的操作速度。

建模语言:面向块的系统可能需要特殊的图形表示模型。特别是现有模型也可以根据面向区块链的软件进行调整。统一建模语言(UML)图可以更改甚至重新构建以反映面向区块链的软件功能。例如,像用例图、活动图和状态图这样的图表不能有效地表示面向区块链的软件环境。

指标:面向区块链的软件工程(BOSE)可以利用某些指标的引入。为了这个目的,参考目标/测量/度量(GQM)方法是有用的,它最初是为了进行度量活动而开发的,但是也可以用来控制分析和改进软件过程。

万国商业机器公司(IBM)最近表示需要持续测试以确保块软件的质量。测试必须基于应用的类型,在面向区块链软件的情况下,这是一个关键的安全系统。特别是必须对应用程序进行面向区块链的软件测试。这些测试包必须包含以下几方面。

(1)智能合约测试(SCT),针对智能合约规范的验证:① 符合主体的特别测试;② 符合管辖法律;③ 不包含不公平的合同条款。

区块链交易(BTT)测试,如重复消费问题测试和条件完整性(如未花费交易输出4(UTXO4))。

为智能合约语言制作软件:实现智能合约开发环境(SCDE)——面向块的集成开发环境(IDE)传输是构建和传播面向区块链软件知识的关键。这样的环境可以促进特殊语言的智能合约(如Solidity,以太坊中编写合约的语言)。

面向区块链的软件工程(BOSE)(韦斯林(Wessling)和格鲁恩(Gruhn),2018)是基于区块链技术的去中心化应用开发(简称DApps)的一个新的研究领域。目前,以太坊区块链是最流行的去中心化应用开发构建平台。业务逻辑由位于区块链网络上的一个或多个可执行代码合约(缩写为"EDCC",用于描述智能合约)表示。这涉及设计现有的去中心化应用开发平台,确定可能的体系结构模型,并将其与去中心化应用开发平台的基本体系结构模型进行优缺点比较,在去中心化应用开发平台的基本体系结构模型中,用户有3种方法通过生成和发送交易直接与EDCC交互。

(2)自有交易。用户可以①直接发送交易到区块链;②使用Web接口(如我的钱包(MyEtherWallet));③使用一个集成钱包(如加装元掩模(MetaMask)的Chrome浏览器),或诸如密码或状态的加密浏览器(每个变体都可以在用户设备或由Infura或Etherscan之类的第三方管理平台公共节点上的私有链上执行)。

（3）自我确认交易。与去中心化应用开发平台的交互主要通过加密浏览器或元掩模（MetaMask）完成。交易不是由用户生成，而是由去中心化应用开发平台网站触发，呈现给用户进行进一步审查，然后手动发送到区块链节点。通过这种方式，该模型在去中心化应用开发平台网站所需的便利性和信任与交易细节之间做出了折中。

去中心化应用开发平台提供了可在不需要加密浏览器或元掩模插件的情况下与用户交互的网站，该网站通过调用表述性状态传递（REST）与去中心化应用开发平台逻辑后端进行通信，并汇总所有区块链特定的操作。这意味着，后端负责与区块链交互，并将交易发送给无法验证它的用户。出于这个原因，模式 C 提供了最大限度的便利，但是高度信任去中心化应用开发平台提供者，后者可处理用户输入数据并管理私钥。

参 考 文 献

Baran, Paul. 1964. "On Distributed Communications." Product Page. 1964. https://www .rand.org/pubs/research_memoranda/RM3420.html.

Casino, Fran, Thomas K. Dasaklis, and Constantinos Patsakis. 2019. "A Systematic Literature Review of Blockchain-Based Applications: Current Status, Classification and Open Issues." *Telematics and Informatics* 36 (March): 55–81. doi:10.1016/j. tele.2018.11.006.

Engelhardt, Mark. 2017. "Hitching Healthcare to the Chain: An Introduction to Blockchain Technology in the Healthcare Sector." *Technology Innovation Management Review* 7 (10): 22–34. doi:10.22215/timreview/1111.

Iansiti, Marco, and Karim R. Lakhani. 2017. "The Truth about Blockchain." *Harvard Business Review*, January 1, 2017. https://hbr.org/2017/01/the-truth-about-block chain.

Katuwal, Gajendra J., Sandip Pandey, Mark Hennessey, and Bishal Lamichhane. 2018. "Applications of Blockchain in Healthcare: Current Landscape & Challenges." *ArXiv:1812.02776 [Cs]*, December. http://arxiv.org/abs/1812.02776.

Kuo, Tsung-Ting, Hugo Zavaleta Rojas, and Lucila Ohno-Machado. 2019. "Comparison of Blockchain Platforms: A Systematic Review and Healthcare Examples." Journal of the American Medical Informatics Association 26 (5): 462–78. doi:10.1093/jamia/ ocy185.

Liu, J., W. Li, G. O. Karame, and N. Asokan. 2018. "Toward Fairness of Cryptocurrency Payments." *IEEE Security Privacy* 16 (3): 81–89. doi:10.1109/MSP.2018.2701163.

Lu, Q., and X. Xu. 2017. "Adaptable Blockchain-Based Systems: A Case Study for Product Traceability." *IEEE Software* 34 (6): 21–27. doi:10.1109/MS.2017.4121227.

Meijer, Albert, and Manuel Pedro Rodríguez Bolívar. 2016. "Governing the Smart City: A Review of the Literature on Smart Urban Governance." *International Review of Administrative Sciences* 82 (2): 392–408. doi:10.1177/0020852314564308.

Nakamoto, Satoshi. n.d. "Bitcoin: A Peer-to-Peer Electronic Cash System," 9.

Porru, Simone, Andrea Pinna, Michele Marchesi, and Roberto Tonelli. 2017. "Blockchain-Oriented Software Engineering: Challenges and New Directions." In *Proceedings of the 39th International Conference on Software Engineering Companion*, 169–171. ICSE-C '17. Piscataway, NJ, USA: IEEE Press. doi:10.1109/ICSE-C.2017.142.

Shen, C., and F. Pena-Mora. 2018. "Blockchain for Cities—A Systematic Literature Review." *IEEE Access* 6: 76787–76819. doi:10.1109/ACCESS.2018.2880744.

Uddin, M. A., A. Stranieri, I. Gondal, and V. Balasubramanian. 2018. "Continuous Patient Monitoring With a Patient Centric Agent: A Block Architecture." *IEEE Access* 6: 32700–32726. doi:10.1109/ACCESS.2018.2846779.

Wang, S., J. Wang, X. Wang, T. Qiu, Y. Yuan, L. Ouyang, Y. Guo, and F. Wang. 2018. "Blockchain-Powered Parallel Healthcare Systems Based on the ACP Approach." *IEEE Transactions on Computational Social Systems* 5 (4): 942–950. doi:10.1109/TCSS.2018.2865526.

Wessling, F., and V. Gruhn. 2018. "Engineering Software Architectures of Blockchain-Oriented Applications." In *2018 IEEE International Conference on Software Architecture Companion (ICSA-C)*, 45–46. doi:10.1109/ICSA-C.2018.00019.

Yuan, Y., and F. Wang. 2018. "Blockchain and Cryptocurrencies: Model, Techniques, and Applications." *IEEE Transactions on Systems, Man, and Cybernetics: Systems* 48 (9): 1421–1428. doi:10.1109/TSMC.2018.2854904.

Zhao, H., P. Bai, Y. Peng, and R. Xu. 2018. "Efficient Key Management Scheme for Health Blockchain." *CAAI Transactions on Intelligence Technology* 3 (2): 114–118. doi:10.1049/trit.2018.0014.

第10章　通过区块链实现数字孪生:战略前瞻

Ritika Wason,Broto Rauth Bhardwaj,Vishal Jain

10.1　引　言

　　20世纪90年代,互联网为信息的数字化和全球化铺平了道路。然而,这种机密数据的传输需要借助第三方来确保安全传输。随着时间的流逝和数据量的增加,资产的转移越来越不安全,个人数据可以通过道德或不道德的手段从互联网上检索。近年来,世界上几乎所有行业都在进行数字化转型,世界的变化也是日新月异。业界也注意到数字化举措的重大进展(如数字孪生),这个进展能向客户提供及时和优质的服务。改变商业模式实际是为了优化运营以改善整体客户体验的一种尝试。被称为"千禧一代"的新一代,正在推动这一新趋势。他们将资产、产品和流程作为服务来使用,而不是拥有和维护它们。据估计,到21世纪末,全球物联网设备的数量将超过200亿台。这些物联网设备将支持数百万具有重要数据的"数字孪生"。数字孪生技术,可以将物理单元和他们的几乎预先计划好的孪生副本结合起来。它实际上是通过其数字图像映射一个物理实体,以增强已安装物理机器的性能和行为,有助于减少停机时间并提高性能。数字孪生技术实际上推动了整个社会的数字化转型,几乎所有的人类生活,都因此提高了能力和透明度。但这个技术不是最近的一个模型,它已经存在了几年,并且从机器的角度来看,数字孪生技术越来越得到重视,机器角度的数字副本(结合CAD/CAE技术、物联网和分析功能)与物理机器一起"存在",这有助于主动预测是否需要维修和潜在的改进,借此增强性能和增加产品线。

　　物联网生态系统需要IT组件和连接性。数字孪生可以反映一个物理实体,并促进其在现实世界中物理对等实体的数字监督和操作能力。此外,它们不仅允许有效地存储和传输数据,还允许分析解决方案之类的附加服务存在,这些服务对预测建模等相关领域至关重要。因此,数字孪生技术也被认为是实现智慧城市的重要组成部分。

　　近年来,区块链技术已成为一种新的组织范式,可以更大幅度检测、评估和传播人类活动,其规模之大超过了以往手段的承载能力。据预测,区块链可以显著促进数字孪生在物联网中的应用。区块链在数字孪生中的应用称为数字孪生的再生。为了真正利用物联网生态系统中数字孪生的长处，一种基于数据并可公开处理数据的技术被寄予厚望。区块链通过点对点（P2P）通信应用加密身份，从而实现网络内多方之间进行数据交换。这项技术有望推动企业、服务和行业等不同领域的革命性变革，它通过其内置的加密机制实现安全性，同时通过不可变区块提供去中心化、透明的数据访问。因此，参与实体可以通过安全无障碍的机制，随时跟踪历史交易。

虽然数字孪生已经被确定为一种潜在的技术，但截至目前，尚无统一通用的机制来实现数字孪生。目前，物联网生态系统中产生的大多数信息，存储在零散的数据碎片中，为了真正利用数字孪生带来的好处，需要废除碎片，并由诸如区块链之类的集成账本技术代替。

本章试图探索和分析区块链的集成，以使用数字孪生实现智能物联网生态系统。我们的目标是确认数字孪生的主要驱动因素和障碍，同时探索区块链应用于数字孪生的可能性。10.2 节详细介绍区块链技术如何帮助实现数字孪生。10.3 节，评估了某些使用区块链支持的数字孪生，并评估当前的情况。10.4 节，将深入研究一些特定的示例，帮助理解区块链的数字孪生。10.5 节，描述了挖掘具有区块链功能的数字孪生的全部潜力及所面临的挑战。10.6 节，讨论了数字孪生技术如何帮助改善人类生活。10.7 节，重点介绍了一些值得注意的数字孪生行业的商业趋势。10.8 节，是对本章的总结。

10.2 数字孪生的区块链视角

区块链技术由于其固有的特性，如不变性、去中心化和时间戳记录存储，目前获得了大量的市场预期和兴趣。简单地说，区块链是"一个集合的、分布式的、不可变的分类账，它有助于在一个业务联系网中记录交易和跟踪资产"。该技术最初由中本聪（Nakamoto，2008）提出，作为支持比特币加密货币的技术，该技术已经显示出其在不同行业广泛应用的潜力。这项技术有利于资本流动，它可以以透明、可靠的方式帮助交易任何资产。它创建了一个永久和透明的交易记录，同时阻止了各行各业存在的棘手问题。基于点对点传输操作网络，透明和加密保护的信息为智能合约提供了方便。基于以上的特点，区块链被称为这 10 年的新范式，它拥有通过区块链密码技术实现万物互联的潜力。根据德勤（Deloitte）和澳大利亚区块链解决方案提供商 RIDDLE&CODE 的说法，"区块链技术是创建、检查和交易数字孪生的最合适和最胜任的手段"。区块链本身就是一项革新，有望像互联网一样令人"躁动不安"。这一创新使交易记录的去中心化、防篡改和公开化成为可能。

与区块链一样，互联世界和工业革命 4.0 也是重要的参与者。它们实际上指的是多设备计算,包括可穿戴计算、笔记本电脑、智能手机、物联网传感器、智能家居、自我跟踪设备(如 Fitbit)和智能城市。区块链可以通过智能合约帮助传递重要信息和高效配置互联世界中的资源。这些智能合约可以使公共和私营部门的多个业务活跃起来,同时消除了中间人。区块链构成了一个多层面的平台,能够满足多方在透明和安全的环境中完成数据交易。它使不同参与实体之间的可信网络成为可能,这些实体通过共享信息以实现交易。区块链通过其固有特性(如通用的、兼容协议和通过通用分布式账本平台的数据共享),使不同物联网生态系统中的所有联网应用交互成为可能。为了在独特的代币化数字孪生之间实现多方利益相关者的交互,就需要一个可理解的、能胜任的,具有足够基础设施的平台。

图 10.1 描述了区块链技术的主要特征,这些特征有助于实现在共享账本的相同区块链节点上永久存在,同时且不可逆转的记录交易。

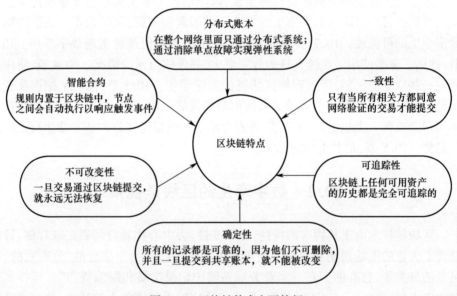

图 10.1 区块链技术主要特征

在共享账本相关区块链的每个节点上,通过帮助创建和控制所有物理和逻辑资产、流程和框架以及人员的数字副本,使这项技术具有改变全球经济的潜力。区块链是一个没有中介的独立系统,可以作为这个系统的主干,它通过内置加密点对点机制中的智能合约以及每个数据块的完整可追溯性来实现。该技术具有自身特有的优势,如交易透明度、欺诈和操纵控制、消除腐败、降低成本、更高的信任、更少的人为错误、隐私、可靠性和安全性等。

尽管被称为自互联网以来最大的发明,但完全利用这项技术仍受到许多关键因素的阻碍,如缺乏知识、实证研究、熟练的开发人员以及在实施智能合约时缺乏明确的指导方针等。许多行业已经采用区块链技术作为一种服务,以消除交易领域中安全性和可见性方面的问题。房地产、保险和金融、医疗、零售、国防、交通、农业等行业已经采用了区块链,以便在交易中增强信任和安全性。在下面的部分中,我们将进一步阐述区块链的一些重要案例。

10.3　实时区块链赋能数字孪生

自 2017 年以来,许多行业都对开发由区块链支持的数字孪生技术,表现出了浓厚兴趣。我们在表 10.1 中介绍了几个项目来说明其所涉及的机遇和挑战。

表 10.1 毫无疑问地证明,数字孪生是目前数字经济中,帮助实现数字社会的主要组成部分。然而,重要的是,要理解创建任何社会、经济或人力资产、实体或过程的数字数据印记,必须拥有自动化、分布式、无故障、智能、可信、不可逆的交易以及数据提交机制。区块链技术可以满足这一要求,因此,启用区块链的数字孪生将成为数字孪生的未来,也将成为任何事物的数字复制品,而正是这项技术,使现有的数字、物理和社会领域的融合成为可能。

表 10.1　值得注意的数字孪生计划

序号	启用数据孪生项目的区块链	公司	描　　述	未来的挑战
1	用于智能产品设计的 S/4HANA 云	思爱普(SAP)	在云平台上的云解决方案。它有助于管理和数字化您的产品研究及发展。通过流程驱动的方法可以促进工程文档的存储、共享以及查阅	为了保持对数据保护法规的遵守,在不同国家,特别是在个人数据删除案例中,有行业特定的立法
2	能源计量	西门子,艾默生	西门子电气数字孪生计划通过为公用事业提供单个同步点,从而在其 IT 环境中对数据进行建模,使现实世界与虚拟世界紧密结合。该带电工厂的数字双副本与真实控制系统并行运行,可进行高级测试并确保电源不变	数字孪生可以应用于每个能源生产或分配站点;但是,不间断的数据访问仍然是确保个体成功运行的主要问题
3	通用电气普雷迪克斯平台(Predix Platform)	通用电气	通用电气数据公司是美国跨国集团公司通用电气的子公司。他在众多行业中发挥作用,包括航空,制造业,采矿,油气业、发电和配电以及运输业。通用电气数据公司定义了数字孪生的层次结构,将其划分为组件孪生,资产孪生,系统孪生和过程孪生,有效地帮助监控、模拟和控制在线或离线资产或过程	全球化,新制造技术和自由政策是潜在的挑战。在实物产品更新时,进一步管理合作伙伴和供应商之间所有设计数据作为一项测试

序号	启用数据孪生项目的区块链	公司	描 述	未来的挑战
4	航空业	波音	他们正在给制造的每架飞机做一个数据孪生,使其可以进行实时更新。这有助于提高航空公司的数据优化效率。通过诸如 HoloLens 和 Skype 的即时远程协助等服务来帮助提高客户价值。此外,它还允许航空业通过规范性和预测性分析来节省空间	航空数字化面临的主要挑战是为所有数字设备提供适当完整且可访问的数据,这是因为航空领域正在使用的许多设备是很早以前就已经使用的,因此可能缺少与此类组件有关的信息。这需要与数据安全性、所有权、数量和完整性相关的挑战相结合,从而得到有效解决
5	联网汽车	福特汽车	数字孪生技术已被成功应用于汽车领域,以链接车辆的虚拟模型。该技术有助于连续分析车辆性能以及所连接组件的性能。这有助于为每个客户提供定制服务	正确的探测方式,以便捕获行驶数据并不断更新虚拟车辆。由于需要在不影响系统性能的情况进行检测,因此该仪器很棘手
6	钢铁制造商	浦项制铁	正在使用数字孪生来模拟其复杂的制造操作,甚至在半成品和产品到达工厂现场之前,也能够使他们提前预测问题。他们通过达索系统的 3D 体验实现了数字化平台	为了释放数字孪生的实际价值,需要一种整体的方法来累积、控制和引导产品的数字数据。还需要一个结实的工程变更管理过程来确保数字孪生模型能精确地管理虚拟和物理配置
7	建筑行业	全球房地产建筑商	建立透明的住房开发市场,为知名度较低的公司提供更多参与的机会	全球市场上通用的整体政策和法规对于成功实施这一趋势至关重要
8	航海业	挪威	区块链正被有效地用于减少海洋工业产生的污染	在智能空间组件之间建立成功的互操作性对于有效实施至关重要
9	"即接入即生产"行业	资产管理公司(AAS)	该概念期望将新模块连接到系统后,即开始进行数据配置传输。将 AAS 与区块链结合使用可确保统一、标准化、可靠地传输配置数据	所有系统组件都需要对行为进行成功的适应,以吸收诸如自我吸收能力、自我优化、自动配置等
10	边缘市场	欧洲	这些市场可以支持多个供应商在网络边缘市场提供服务	此后,弹性、成本、服务质量和经验将使此类市场随着时间的流逝而适应其服务

148

序号	启用数据孪生项目的区块链	公司	描述	未来的挑战
11	避免交通拥堵	德勤	针对可持续发展的智能城市平台,提出实时、灵活、以精度为中心和预测性的交通监控、数量、管理和丰富解决方案	提供实时道路状况警报要求需要有效且数字连接的智能移动应用程序以实现高效的服务交付
12	个人能力组合授权	俄罗斯	Masterchain 平台为分布式、可靠和灵活事件记录系统(如文凭发行),以使企业期望与个人利益保持一致	需要适当的本体来确保系统成功运行
13	天基数字孪生		最近正在部署更轻、更便宜的纳米卫星,以产生新的服务以及太空中的供应链。这可以创建一个不可变,可信赖的地球数字孪生。此副本几乎可以用于所有事物	调节该基础设施以防止其在实际实现中的滥用至关重要
14	5G 网络分割	第五代移动网络	该概念旨在使移动虚拟网络运营商,顶级提供商以及行业参与者能够在其有需要时请求和租用资源。它涉及使用区块链切片租赁分类账概念来实现未来工厂	下一代移动宽带需要现有技术所缺乏的无线性能,隐私和安全性
15	电子村	印度	政府的设施和服务需要公民的基本信息。可以通过区块链技术将帕里瓦尔(Parivar)寄存器中的数据数字化来创建政府信任的信息存储库。这将更快地向所有人提供服务	所有地理上不在一起的村庄都需要通过信息通信技术(ICT)技术连接起来,以实现这种模式
16	全球金融技术革命	中国,印度	与移动设备相关联的数字化金融技术服务引发了一场金融革命,这适用于金融服务政策不足的人群,即银行和非银行消费者。中国已成为这场金融科技革命的领导者,而印度已成为金融包容性和创新的大规模试验场	在印度这样的人口多元化国家中,包括 Jan JanDhan Yojana Aadhar 和移动电话在内的 3 个关键推动者(通常称为 JAM 三剑客)为多种新颖技术和服务铺平了道路
17	3D 打印	穆格飞机集团	通过区块链技术确保飞机部件 3D 打印的安全	所有此类航空器部件的创建和测试以及维修的自动化都需要付出努力
18	供应链管理	IBM 公司	区块链技术已成功应用于整个运输过程中的集装箱跟踪,注册证书和整个产品链中的关键产品信息	涉及多个常规组件的完整运输是供应链数字化的一个挑战

序号	启用数据孪生项目的区块链	公司	描述	未来的挑战
19	教育	旧金山霍尔伯顿学校	这所学校正在使用区块链来存储和交付其证书并遏制假证书发行	尽管具有挑战性,但在全球范围内授权所有大学和学校采用该技术,将有助于消除教育中的许多骗局
20	网络物理系统(CPS)	德赛	在工业和家庭场景中启用智能监视和控制。可能有助于监视能耗、资产管理等	解决方案的大规模部署需要测试可伸缩性和弹性

10.4 一些值得注意的案例

数字孪生在提供实时透明度的同时,也获得越来越大的动力,在航空、制造、汽车等许多领域中应用,它被称为改变游戏规则的技术。在本节中,我们将尝试了解知识、资产、数据和情报,这些都有助于实现一个成功的数字孪生。我们讨论了智能工厂的案例,即关键供应链制造过程的数字版本。

为了掌握更多能成功实现数字孪生所需的知识、资产、数据和情报,我们讨论了智能工厂的情况,即关键供应链制造过程的数字版本。创建数字孪生的过程通常遵循以下路径。

(1) 了解资产层面的运作和预测,并利用杠杆来优化个人业绩。

(2) 优化各个级别的维护。

(3) 汇总多个资产,并在运营级别对其优化。

(4) 重新思考商业模式并实现新的价值和服务。

连接性对制造过程至关重要。随着工业4.0的兴起以及数字世界和物理世界的融合,供应链动态已经发生了彻底的变革。新的供应链运作开放机制(即数字供应网络)实际上是制造业未来竞争的基础。然而,要完全理解这些,数字化供应网络公司需要同时集成运行影响业务的各个操作系统,通过相关的制造系统进行垂直整合,以及贯穿整个价值链的"端到端"的整体合并。这种集成称为智能工厂,可以在工厂内部和整个供应网络中实现更大的价值。智能工厂实现了一个完全连接的、灵活的系统,能够利用运营和生产都相连系统所产生的持续数据流,通过数字孪生来适应新的需求。其结果是一个灵活、敏捷的系统,具有更高的效率和更少的停机时间。这种系统可以在更广泛的网络中自我优化,自适应实时动态情况并从中学习,自主运行整个生产过程。因此,这样的系统可以随着组织不断变化的需求而发展和壮大。图10.2显示智能工厂对其成功至关重要的特征。

如图 10.2 所示,连通性、优化性、透明性、主动性和敏捷性是智能工厂的主要属性。他们共同确保更好的决策制定,帮助组织改善他们的生产流程。

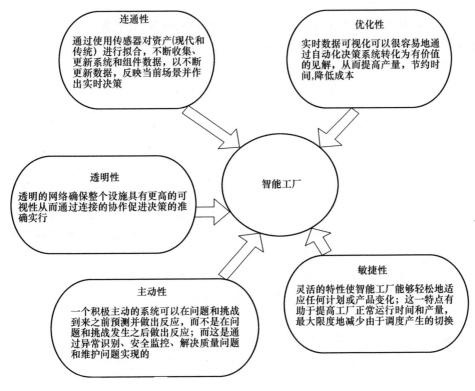

图 10.2　智能工厂的关键属性

从印度的角度来看,2016 年 4 月,世界上最大的两轮车制造商 0 号马达(Hero Moto)公司是印度第一家采用数字孪生方法的汽车公司。这需要不同部门之间的协作,采用数字化工厂来降低成本和提高质量。他们已经为瓦尔道拉(Vadodara)生产设施实现了数字复制,可以对工厂进行连续的数字可视化,以便及时进行更改和增强。

该公司的目标是在虚拟环境中对其产品、流程和资源实现可视化,以提高生产率,降低成本并消除其每个生产设施的中断。该公司还实现了在实际物理调试之前进行先期验证,其每个新投产的制造设施,都要在实际投产前发现并解决问题,以免出现昂贵的返工。流水线上现有和新模型的工艺规划也得到了验证,以实现过程标准化和所有数据的单一通用存储库。此外,该公司还成功地降低和减少了开发与制造的不同阶段的成本及时间,并通过成功获得 3D 培训材料,实现了无纸化车间。

10.5 实现区块链的挑战——启用数字孪生

由于架构、价值和本体之间缺乏承接互操作性的语言,数字副本的快速分发面临障碍,自动检测所必需的专业技术也很短缺。虽然区块链被预测为推动数字孪生和物联网发展的下一个重要因素,但仍有一些挑战有待解决。

(1)区块链如何提供"被遗忘的权利"。区块链的一个固有特征是数据几乎不可能被删除。在这种情况下,区块链如何使数字孪生体中的数据遗忘权成为可能?一个解决方案是用户使用唯一的根密钥,可以应用这个根密钥为每个单独区块生成一个新密钥。因此,每个交易可以有不同的哈希,并且不再彼此关联。

(2)明智且明确的政策。采用支持区块链的数字孪生将意味着参与者,将完全范式转变。为此,组织需要适当了解物联网支持的生态系统中的角色,他们希望扮演什么角色(数据提供者或数据获取者),以及保持同样效率实现跨行业所需的特定区块链基础设施的适当细节。要接受这种变化,需要适当的技术以及硬件和软件技能。行业、专业人士和企业尚未完全适应这些不断变化的动态。

(3)不可复制。这仅仅意味着一个映射不可能适合所有人。因此,对于生产的每一种产品,都需要一个数字孪生,这对于所有涉及人类互动的产品来说尤其重要。

(4)数字化一切。为了实现数字孪生的真正潜力,使之像互联网一样流行和无处不在,就需要将所有数据进行数字化处理。这意味着,即使是中小型的制造商或服务提供商,也需要启动数字化进程。

(5)高效的产品开发平台和流程。要创建高效的数字副本,需要适当的产品开发平台和流程。然而,这些技术仍处于起步阶段。因此,正如马克·哈尔彭(Marc Halpern)所说,"数字孪生更多的是愿景和承诺,而不是最终的解决方案"。

(6)确保数字孪生。随着时间的推移,数字孪生本身将成为知识资本。所有权、安全和其他与这一知识资本相关的问题都需要认真思考。我们也不应该忘记,这些物联网设备在现实生活中也很容易受到分布式拒绝服务攻击、黑客攻击、数据盗窃以及数据劫持等问题,如何克服这些问题是另一个重大挑战。

(7)适当规定。为了适应技术发展,需要适当的规章来规定所有权和交易账户。

(8)可靠性。支持区块链的数字孪生需要在所有环境下全天候可靠、需要保证连接以确保在所有生命周期阶段都能保持最佳运行。当资产部署在恶劣的地面区域时,这将是一个挑战。

(9)弹性。无线网络的弹性需要大大提高,以实现持续的正常运行时间和最快的恢复,从而创建一个"永远在线"的数字生态系统。

（10）内部和与其他的智能组件之间的交互。这可能是在不同领域成功应用基于区块链的数字孪生的主要挑战。孪生的所有组成部分之间的成功交互是必要的，以确保准确地复制资产，无论是人或物理实体。因此，在"孪生"的所有智能组件之间以及与其他"孪生"和生态系统中的实体之间，建立健康、持续的互动，对于整个行业有效实施区块链支持的数字孪生至关重要。

上述挑战只是冰山一角，随着数字孪生在不同的业务和领域的应用，还有更多的挑战和问题将不断出现。

10.6　人类活动中的数字孪生

正如数字孪生受益于行业资产的有效性和效率，它们也可以造福于人类健康和生命科学行业。为了实现这一点，我们首先需要明白，作为人类，我们都在互联网上留下了自己的痕迹。我们以任何形式留在互联网上与自己有关的信息（属性、行为、在线表现）实际上正在为我们创造一个数字孪生。我们在互联网上创建的数据足迹如果与物联网和分析技术的进步相关联，可以帮助监测和预测我们未来的需求，特别是在医疗保健和其他领域。我们的领英（Linked In）、脸书（Facebook）、推特（Twitter）、色拉布（Snapchat）和照片墙（Instagram）账号实际上是我们在互联网上很容易获得的数字副本。为了进一步理解这一点，我们首先评估了有助于实现人类数字孪生的组件。

（1）属性。它们是构成我们身份的核心数据，如姓名、年龄、性别、住址、教育程度、国籍等。这些数据有助于绘制个人地图，并预测他们是否容易因为出生地或居住而出现某些健康状况。

（2）交互。足迹是在我们与外部世界的交互基础上产生的，如经常乘飞机旅行对健康的影响，购物习惯与银行数据的关系。新技术（如 Fitbit 手表与医生的互动数据）、手机使用统计信息等，这些都是"数字化我"的基础组成部分，如果将这些属性与属性结合，可以帮助监测、诊断和预测个人表现和健康状况。这些数据甚至可以帮助企业做出决策。但是，这些决定涉及很多问题，我们将不在这里讨论。

（3）在线身份。在互联网上，我们每个人都有一个数字身份，我们可以通过它进行浏览。这些数据已经被各种各样的网站存储和共享，可以再次为我们个人提供有趣的见解，如健康、兴趣等。

以上 3 个属性阐明了人类数字孪生的可能性，就像机器的数字孪生可以帮助测量维护、成长等需求一样，人类的数字孪生可以帮助预测各种各样的生活。

显然，上面的讨论阐明了数字孪生对人类的优势。然而，如果这样一个数字副本建立在传统技术上，它将把所有数据保存在一个中央存储库中。为了克服额外的安全成本，区块链提供了一个可行的替代方案，区块链可以在没有集中所有者的不可变账本上创建身份。这种自我身份能够决定谁可以访问他们的数据,也可以跟踪所有访问这些数据的人。例如,Hyperledger Indy 区块链平台允许创建这样的身份。这样的区块链网络通常由数据所有者(个人)、数据认证者(颁发资格证书的大学)和数据请求者(如雇主)组成。这样一个网络的管理可以是民主的,对数据的每次访问都可以由数据所有者授权。这种创造公民数字副本的能力具有改变全球经济的潜力。全球许多国家及地区的政府都在对基于区块链的计划进行大量投资,如自主身份、移动资产所有权登记、验证等。基于区块链技术的人类数字孪生将成为实现和实施所有此类举措的关键组成部分。表 10.2 列出了政府为实现这一目标而采取的一些值得注意的举措。

表 10.2 描述了全球不同政府如何认识到数字孪生的重要性,并在不同场景下花费巨额资金,借助区块链使映射数字化并改善公民生活。表 10.2 中值得注意的是,不同国家的不同政府或私人机构只是采用区块链技术,以提供更安全、更方便、更互联的公民服务。在流程中简单地采用区块链技术,以消除中间第三方的需要、数据泄漏的风险等,同时也为所有人提供了服务。此外,这些由区块链驱动的过程正在后台生成人类数字副本,同时改善人类的生活质量。

表 10.2 政府支持区块链的数字孪生计

序号	政府	项目名称	描 述
1	印度	印度链	印度政府通过智库 NITI Aayog 正在研究一种官方的区块链解决方案,自 2019 年开始为伊利诺伊斯理工大学、孟买大学和德里大学各学院提供防篡改数字证书
2	安得拉邦(印度)	金融技术谷	2016 年,安得拉邦成为印度第一个实施区块链技术治理的印度邦。他有两个主要的试点项目:管理土地记录以及简化车辆登记,将他打造成世界一流的生态系统,同时与政府、学术界、企业、投资者和企业家进行合作
3	爱沙尼亚	爱沙尼亚	爱沙尼亚政府通过数字孪生成功建立世界上最先进的数字化社会,该社会从 2000 年开始就征收数字服务税,其99%的公共服务都可以在线获得
4	加拿大	礼宾服务	创造施工现场的数字副本使项目团队可以更加确定自己的决策,更高效地交付项目
5	俄罗斯	电子政务	使数字服务和其他渠道一起施行。进展包括多功能中心和统一门户的实施,建立基础设施以链接不同政府机构;建立国家数据库以引入识别、身份认证和在线支付系统之类的通用服务

序号	政府	项目名称	描述
6	欧洲	迪吉映射 DigiTwins	迪吉映射（Digitiwns）是欧洲乃至全球范围内的一项庞大研究计划，它计划在全球范围内通过数字孪生来转变医疗保健和生物医学研究，为公民和社会提供帮助。这些数据孪生是每个人体内关键生物学实践的精确计算机模型，可以使我们保持健康或导致疾病。他们可用于识别个人最好的疗法，预防以及改变生活方式的措施，而不会使个人面临不必要的风险或使医疗保健系统承受不必要的费用
7	印尼	智慧城市	计划到 2045 年，印尼的大城市将建设成为智慧城市。为实现上述目标，需通过一个经过设计的总体规划，规划中列出城市的要求及技术。弹性、适当的计划对于成功构建一个智慧城市是至关重要的
8	荷兰	智能工业现场实验室	荷兰智能工业现场实验室正被用于加速行业数字化。他们基本上都是公共私人合作伙伴关系，致力于开发、测试和实施智能行业的解决方案。自 2015 年以来，通过公共和私人对此类实验室的融资超过 7200 万欧元
9	中国	阿里巴巴农村淘宝战略	在过去 40 年中，中国的快速发展也表明从农村向城市社会的快速过渡。中国早在 2014 年通过阿里巴巴集团的农村淘宝战略确保及时向农村人口提供电子商务和数字金融服务
10	肯尼亚	M-Pesa 金融科技革命	2007 年 3 月，M-Pesa 电子转账项目由沃达丰和 Safaricom 在肯尼亚启动，用户能够将实体货币作为电子货币存储在手机 SIM 卡内，并用于各种交易和服务
11	英国	数字化建设	英国政府正在努力通过以下方式促进数字化建设——学徒制，这是一个新颖的本科教育模式，可以利用建筑业的数字化能力

10.7 数字孪生赋能的业务趋势

物联网（IoT）使得网络连接方便了设备和方法之间的通信。企业一直在以许多新方式部署智能设备以增强业务。我们可以期待以下 4 个趋势。

10.7.1 持续客户承诺

智能产品使用户能够通过物联网，与家电以及其他家用产品进行通信并对其进行控制,这些通信功能还可以用于监控产品并提供主动支持。

例如,如果某些汽车的部件需要维修或发生故障,则可以向客户和制造商的服务系统传递消息。

10.7.2 业务流程监控

所有可量化的东西都可以改进。物联网将进一步实现其他业务领域的详细监控,如办公室工作和现场流程。

可穿戴设备是一种传感器,可以应用于个人以审查活动和记录信息。这些传感器以及它们所传递的信息可以传递更多的数据,从而提供更深入的分析,提高生产率并帮助降低成本。

10.7.3 自动化服务

包括汽车在内的各行各业现在都可以在车辆和包装上安装物联网传感器,最大限度地提高供应链的可视性,改善价值资产的运营。这些传感器可以识别温度、光线和其他属性的变化,并可用于减轻延误、中断、抢劫等风险。

实时警报可以使服务在正确的计划交付时间内到达正确的地点,并使用所需的设备来提高效率。

10.7.4 大数据拓展

作为物联网设备部分部署的传感器可以构造数据,这些数据可以作为现有分析的一部分进行存储和分析,从而产生全新的发现类别。

10.7.5 嵌入式人工智能

从物联网"智能"积累到现有设备和内置物联网组件的生成设备的转变将是具有革命性的。然而,这个被正确地称为工业革命4.0的大工业变革实际上将改变工业格局及其机制。

10.8 小　结

物联网、数字孪生以及区块链已在多个产业部门和领域成功实施,他们有助于实现新工业4.0革命。然而,它们的实施一直面临着技术和财务方面的限制。随着物联网设备的数量和容积的增加,技术和财务方面的挑战减少。对于相对新颖的数字孪生平台来说,我们需要认识到,它们不是一个学术建模练习。数字孪生是为特定的结果或所谓的关键性能指标(KPI)创建的。这些KPI对于诸如维护特定服务质量、预测组件寿命以及减少停机时间等问题的决策不可或缺。然而,到目前为止,一个集成的、稳定的基础平台还没有出现。区块链的底层分布式账本技术为其参与实体提供了不变性、透明性以及安全性方面的优势。因此,区块链已经成为一个很有前途的底层平台。总体来说,数字孪生是未来的技术,具有改变企业和人类生活的潜力。

10.9　未来发展前景

数字革命必将席卷全球,改变着人类、产业和经济。我们周围的一切,无论是资产、解决方案、流程,甚至是技术本身,都在转变为服务。基于区块链功能的数字孪生技术无疑是一项创新技术,能够彻底改变行业格局,并改变人类生活。然而,在实现研究和学术界所描述的这种技术的全部潜力之前,还有很长的路要走。这项研究可以理解和概述许多未来潜在的研究和努力领域。然而,它们还不完善,并且可能会随着该技术的新颖应用而不断拓展到不同领域。

(1) 智能合约本体开发。可以开发用于描述智能合约本体,为智能组件和智能资产之间的交互提供互操作性,这可能有助于找到区块链中出现的问题。

(2) 物联网平台的缺点。对现有可用于建立支持区块链的数字孪生和智能资产的物联网平台的详细分析表明,他们仍然有很多缺点,如缺乏作者身份验证机制、信息持久性问题、有效控制生产资源的交换等。这些问题仍需要一个有效、持久的解决方案。

(3) 区块不可变性的缺点。区块链的这个特性是好事也是坏事。需要注意的是,不断扩展的区块链应该持续需要潜在的内存块,而这在物联网生态系统中有些看似简单的设备上是不可用的。为了再次解决这些问题,可以使用有效的本体将弱设备的一些信息委托给链中的一些强设备。

(4) 越来越强大的大数据。新一波的数字化革命既包括数字化,也包括数码化。数字化涉及创建实体资产、实体等的数字副本,而数码化涉及使用适当的技术在社会过程中有效地使用数字化实体。这个完整的过程产生了越来越多的大数据,这些大数据需要有效的存储、分析和共享机制来创建与使用。

参 考 文 献

1. M. Miscevic, Gea Tijan, Edvard Zgaljic, Drazen Jardas, "Emerging trends in e-logistics," *Mipro*, pp. 1353–1358, 2018.
2. S. Nadella, J. Euchner, "Navigating digital transformation," *Res. Manag.*, vol. 61, no. 4, pp. 11–15, 2018.
3. Deloitte and Riddle& Code, "IoT powered by Blockchain How Blockchains facilitate

the application of digital twins in IoT," p. 20, 2018.

4. J. Kobielus, "Networked digital twins are coming to industrial blockchains - SiliconANGLE," 2018. [Online]. Available: https://siliconangle.com/2018/04/24/networked-digital-twins-coming-industrial-blockchains/. [Accessed: 07-Sep-2018].

5. T. Rueckert, "Digital twin + blockchain - SAP news center," 2017. [Online]. Available: https://news.sap.com/2017/05/sapphire-now-digital-twin-blockchain/. [Accessed: 07-Sep-2018].

6. Gary Schwartz, "Our digital twin & the blockchain – Gary Schwartz," 2018. [Online]. Available: https://www.ifthingscouldspeak.com/2018/05/14/our-digital-twin-the-blockchain/. [Accessed: 07-Sep-2018].

7. S. Wang, J. Wan, D. Li, C. Zhang, "Implementing smart factory of industrie 4.0: An outlook," *Int. J. Distrib. Sens. Networks*, vol. 2016, 2016.

8. A. H. Gausdal, K. V. Czachorowski, M. Z. Solesvik, "Applying blockchain technology: Evidence from norwegian companies," *Sustain*, vol. 10, no. 6, pp. 1–16, 2018.

9. S. Nakamoto, "Bitcoin: A peer-to-peer electronic cash system," *Www.Bitcoin.Org*, p. 9, 2008.

10. J. Yli-Huumo, D. Ko, S. Choi, S. Park, K. Smolander, "Where is current research on Blockchain technology? - A systematic review," *PLoS One*, vol. 11, no. 10, pp. 1–27, 2016.

11. P. Deepak, M. Nisha, S. P. Mohanty, "Everything you wanted to know about the blockchain," *IEEE Consum. Electron. Mag.*, vol. 7, no. 4, pp. 6–14, 2018.

12. D. Folkinshteyn, "A tale of twin tech: Bitcoin and the www," *J. Strateg. Int. Stud.*, vol. X, no. 2, pp. 82–90, 2015.

13. M. Weeks, "The evolution and design of digital economies," 2018.

14. B. Pellot, "Fast forward," *Ibm*, vol. 42, no. 3, pp. 46–49, 2013.

15. P. A. Corten, "Blockchain technology for governmental services: Dilemmas in the application of design principles," pp. 1–14, 2017.

16. M. Swan, *Blockchain: Blueprint for a New Economy*, 2015, O'Reilly Media: Newton, MA.

17. D. Schahinian, "IoT forecast: Digital twins to be combined with blockchain - digital twin - HANNOVER MESSE," 2018. [Online]. Available: https://www.hannovermesse.de/en/news/iot-forecast-digital-twins-to-be-combined-with-blockchain-88960.xhtml. [Accessed: 29-Nov-2018].

18. Z. Zheng, S. Xie, H. Dai, X. Chen, H. Wang, "An overview of blockchain technology: Architecture, consensus, and future trends," In *Proc. - 2017 IEEE 6th Int. Congr. Big Data, BigData Congr. 2017*, pp. 557–564, 2017.

19. B. Cearley Walker, "Top 10 strategic technology trends for 2017," no. October 2017, 2016.

20. Z. Zheng, S. Xie, H.-N. Dai, X. Chen, H. Wang, "Blockchain challenges and opportunities: A survey Shaoan Xie Hong-Ning Dai Huaimin Wang," *Int. J. Web Grid Serv.*, vol., 14, no. 4, pp. 1–24, 2016.

21. Virbahu Nandishwar Jain, Devesh Mishra, "Blockchain for supply chain and manufacturing industries and future it holds!" *Int. J. Eng. Res.*, vol. 7, no. 9, pp. 32–40, 2018.

22. G. Chen, B. Xu, M. Lu, N.-S. Chen, "Exploring blockchain technology and its potential applications for education," *Smart Learn. Environ.*, vol. 5, no. 1, p. 1, 2018.

23. L. Lee, "New kids on the blockchain: How bitcoin's technology could reinvent the stock market," *Hast. Bus. Law J.*, vol., 12, no. 2, pp. 81–132, 2015.

24. A. Bahga, V. K. Madisetti, "Blockchain platform for industrial internet of things," *J. Softw. Eng. Appl.*, vol. 9, no. 10, pp. 533–546, 2016.

25. "Introduction - SAP help portal." [Online]. Available: https://help.sap.com/viewer/d3 a4810ff9dd41c59c50e1d1a6d4d7ae/1811/en-US. [Accessed: 19-Nov-2018].

26. "Prepare for a sustainable digital future Enable interoperable data exchange and synchronization."

27. "Digital twin | GE digital." [Online]. Available: https://www.ge.com/digital/applicat ions/digital-twin. [Accessed: 19-Nov-2018].

28. S. Datta, "Cybersecurity-an agents based approach?" 2017.

29. "Digital twins and threads in aviation, aerospace and defense," 2017. [Online]. Available: https://www.capgemini.com/us-en/2017/12/establishing-a-fully-func tional-digital-twin-or-digital-thread-in-aviation-aerospace-and-defense/. [Accessed: 19-Nov-2018].

30. S. Dudley, "Dassault systèmes helps POSCO digitise its manufacturing operations," 2015. [Online]. Available: http://www.technologyrecord.com/Article/dassa ult-syst232mes-helps-posco-digitise-its-manufacturing-operations-49171. [Accessed: 30-Nov-2018].

31. I. Savu, G. Carutasu, C. L. Popa, C. E. Cotet, "Quality assurance framework for new property development: A decentralized blockchain solution for the smart cities of the future," *Res. Sci. Today*, vol. 13, 2017.

32. N. Teslya, I. Ryabchikov, "Blockchain-based platform architecture for industrial IoT," In *Conf. Open Innov. Assoc. Fruct*, pp. 321–329, 2018.

33. K. Czachorowski, M. Solesvik, Y. Kondratenko, *The Application of Blockchain Technology in the Maritime Industry*, vol. 171. Springer International Publishing, 2019.

34. D. Lang, M. Friesen, M. Ehrlich, L. Wisniewski, J. Jasperneite, "Pursuing the vision of industrie 4.0: Secure plug-and-produce by means of the asset administration shell and blockchain technology," In *2018 IEEE 16th International Conference on Industrial Informatics (INDIN)*, pp. 1092–1097, 2018.

35. B. Varghese, M. Villari, O. Rana, P. James, T. Shah, M. Fazio, R. Ranjan, "Realizing edge marketplaces: Challenges and opportunities," *IEEE Cloud Comput.*, vol. 5, no. 6, pp. 9–20, 2018.

36. S. A. P. Kumar, R. Madhumathi, P. R. Chelliah, L. Tao, S. Wang, "A novel digital twin-centric approach for driver intention prediction and traffic congestion avoidance," *J. Reliab. Intell. Environ.*, vol. 4, no. 4, pp. 199–209, 2018.

37. F. Wei, N. N. Pokrovskaia, "Digitizing of regulative mechanisms on the masterchain platform for the individualized competence portfolio," In *2017 IEEE VI Forum Strategic Partnership of Universities and Enterprises of Hi-Tech Branches (Science. Education. Innovations) (SPUE)*, pp. 73–76, 2017.

38. G. A. Kostin, N. N. Pokrovskaia, M. U. Ababkova, "Master-chain as an intellectual governing system for producing and transfer of knowledge," In *2017 IEEE II International Conference on Control in Technical Systems (CTS)*, pp. 71–74, 2017.

39. F. Longo, "Advanced data management on Distributed Ledgers: Design and imple-

mentation of a Telegram BOT as a front end for a IOTA cryptocurrency wallet," July 2018.

40. "Blockchain and space-based 'Digital Twin' of earth | Bitcoin Magazine," 2017. [Online]. Available: https://bitcoinmagazine.com/articles/blockchain-and-space-ba sed-digital-twin-earth-offer-insights-and-web-connectivity/. [Accessed: 06-Dec-2018].

41. J. Backman, S. Yrjola, K. Valtanen, O. Mammela, "Blockchain network slice broker in 5G: Slice leasing in factory of the future use case," In *Jt. 13th CTTE 10th C. Conf. Internet Things - Bus. Model. Users, Networks*, vol. 2018–January, pp. 1–8, 2018.

42. D. Faizan, S. Ishrat, "Impeccable renaissance approach: An e-village initiative," In *ICACCT 2018*, vol. 899, pp. 335–346, 2018.

43. I. Limited, "Services in the time of being digital," *Infosys Insight*, vol. 4, no. 1–104, 2016.

44. P. Jiang, "Social manufacturing paradigm: Concepts, architecture and key enabled technologies," *Adv. Manuf.*, pp. 13–50, 2019.

45. P. Gallo, U. Q. Nguyen, G. Barone, P. van Hien, "DeCyMo: Decentralized cyber-physical system for monitoring and controlling industries and homes," In *2018 IEEE 4th Int. Forum Res. Technol. Soc. Ind.*, pp. 1–4, 2018.

46. R. N. Bolton, J. R. McColl-Kennedy, L. Cheung, A. Gallan, C. Orsingher, L. Witell, M. Zaki, "Customer experience challenges: Bringing together digital, physical and social realms," *J. Serv. Manag.*, vol. 29, no. 5, pp. 776–808, 2018.

47. S. Datta, "Emergence of digital twins is this the march of reason?" *J. Innov. Manag.*, vol. 5, no. 3, pp. 14–33, 2017.

48. D. Communications, "The smart factory," *Complete Networked Value Chain.*

49. B. Sniderman, M. Monika, M. J. Cotteleer, "Industry 4.0 and manufacturing eco-systems: Exploring the world of connected enterprises," Deloitte University Press, pp. 1–23, 2016.

50. A. Radziwon, A. Bilberg, M. Bogers, E. S. Madsen, "The smart factory: Exploring adaptive and flexible manufacturing solutions," *Procedia Eng.*, vol. 69, pp. 1184–1190, 2014.

51. A. Mussomeli, D. Gish, S. Laaper, "The rise of the digital supply chain," *Deloitte*, vol. 45, no. 3, pp. 20–21, 2015.

52. S. Jha, "Hero moto corp: How Vijay Sethi is driving the digital twin project at Hero Moto Corp, IT news, ET CIO," 2017. [Online]. Available: https://cio.economictimes .indiatimes.com/news/strategy-and-management/how-vijay-sethi-is-driving-the-digi tal-twin-project-at-hero-moto-corp/57625617. [Accessed: 29-Nov-2018].

53. S. Goldberg, "The promise & challenges of digital twin," *HarperDB*, 2018. [Online]. Available: https://www.harperdb.io/blog/the-promise-challenges-of-digital-twin. [Accessed: 19-Nov-2018].

54. David Schahinian, "IoT forecast: Digital twins to be combined with blockchain - digital twin - HANNOVER MESSE," 2018. [Online]. Available: http://www.hann overmesse.de/en/news/iot-forecast-digital-twins-to-be-combined-with-blockchain-8 8960.xhtml. [Accessed: 06-Sep-2018].

55. S. Goldberg, "The promise & challenges of digital twin," 2018. [Online]. Available: https://www.harperdb.io/blog/the-promise-challenges-of-digital-twin. [Accessed:

30-Nov-2018].

56. S. Ferguson, E. Bennett, A. Ivashchenko, "Digital twin tackles design challenges," *World Pumps*, vol. 2017, no. 4, pp. 26–28, 2017.

57. S. Haag, R. Anderl, "Digital twin – Proof of concept," 2018.

58. R. Adams, G. Parry, P. Godsiff, P. Ward, "The future of money and further applications of the blockchain," *Strateg. Chang.*, vol. 26, no. 5, pp. 417–422, 2017.

59. A. Shakir, Zeeshan Muhammad;Aijaz, "IoT, robotics and blockchain: Towards the rise of a human independent ecosystem | IEEE communications society," 2018. [Online]. Available: https://www.comsoc.org/publications/ctn/iot-robotics-and-blockchain-towards-rise-human-independent-ecosystem. [Accessed: 04-Dec-2018].

60. J. K. Hodgins, "Animating human motion," *Sci. Am.* vol. 278. Scientific American, a division of Nature America, Inc., pp. 64–69, 1998.

61. S. Tyagi, A. Agarwal, P. Maheshwari, "A conceptual framework for IoT-based healthcare system using cloud computing," In *2016 6th International Conference - Cloud System and Big Data Engineering (Confluence)*, pp. 503–507, 2016.

62. F. Liu, A. Wollstein, P. G. Hysi, G. A. Ankra-Badu, T. D. Spector, D. Park, G. Zhu, M. Larsson, D. L. Duffy, G. W. Montgomery, D. A. Mackey, S. Walsh, O. Lao, A. Hofman, F. Rivadeneira, J. R. Vingerling, A. G. Uitterlinden, N. G. Martin, C. J. Hammond, M. Kayser, "Digital quantification of human eye color highlights genetic association of three new loci," *PLoS Genet.*, vol. 6, no. 5, p. e1000934, 2010.

63. J. Davis, H. Bracha, "Prenatal growth markers in schizophrenia: A monozygotic co-twin control study," 1996.

64. D. Baars, "Towards self-sovereign identity using blockchain technology," University of Twente, p. 90, 2016.

65. V. Gohil, "Blockchain's potential in India • indiaChains," 2018. [Online]. Available: https://indiachains.com/blockchains-potential-in-india/. [Accessed: 29-Nov-2018].

66. S. Haridas, "This Indian city is embracing blockchain technology -- here's why." [Online]. Available: https://www.forbes.com/sites/outofasia/2018/03/05/this-indian-city-is-embracing-blockchain-technology-heres-why/#337fcfb88f56. [Accessed: 29-Nov-2018].

67. e-Estonia, "Frequently asked questions: Estonian blockchain technology," 2017.

68. "Government of Canada ' s Innovation supercluster initiative."

69. "Digital government 2020 prospects for Russia."

70. Y. Handoko, "Developing IT master plan for smart city in Indonesia," pp. 1–17.

71. C. Stolwijk, M. Punter, "Going digital: Field labs to accelerate the digitization of the dutch industry," 2018.

72. D. David, K. C. Lee, R. H. Deng, *Handbook of Blockchain, Digital Finance, and Inclusion. Volume 1, Cryptocurrency, FinTech, InsurTech, and Regulation*, ScienceDirect, 2017.

73. R. Woodhead, P. Stephenson, D. Morrey, "Digital construction: From point solutions to IoT ecosystem," *Autom. Constr.*, vol. 93, no. March, pp. 35–46, 2018.

74. P. Mamoshina, L. Ojomoko, Y. Yanovich, A. Ostrovski, A. Botezatu, P. Prikhodko, E. Izumchenko, A. Aliper, K. Romantsov, A. Zhebrak, I. O. Ogu, A. Zhavoronkov,

"Converging blockchain and next-generation artificial intelligence technologies to decentralize and accelerate biomedical research and healthcare," *Oncotarget*, vol. 9, no. 5, pp. 5665–5690, 2015.

75. A. Volkenborn, A. Lea-Cox, W. Y. Tan, "Digital revolution: How digital technologies will transform E&P business models in Asia-Pacific," In *SPE/IATMI Asia Pacific Oil & Gas Conference and Exhibition*, 2017.

76. M. Chiang, T. Zhang, "Fog and IoT: An overview of research opportunities," *IEEE Internet Things J.*, vol. 3, no. 6, pp. 854–864, 2016.

77. J. Huang, "Building intelligence in digital transformation," *J. Integr. Des. Process Sci.*, vol. 21, no. 4, pp. 1–4, 2018.

第 11 章　保护物联网应用程序的区块链

Pramod Mathew Jacob，Prasanna Mani

11.1　区块链的概念

区块链是一种有趣的技术,它为数字交易提供了一种安全的模式。它就像一个"分布式账本",以安全、可审计、高效和透明的方式记录着每一笔交易。这是一种新的概念,它在各种业务领域都有很多应用和关联。区块链是一个数据库系统,它保存着一组不断增长的分布式数据记录。每笔交易都经过数字验证和数字签名,以确保其真实性。区块链没有控制整个链的主服务器。所有参与的计算机(节点)都拥有交易链的一个副本。图 11.1 展示了典型区块链架构的工作原理。

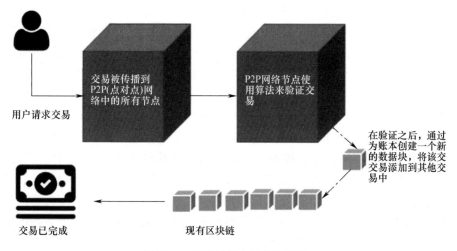

用户请求交易

交易被传播到 P2P(点对点)网络中的所有节点

P2P网络节点使用算法来验证交易

在验证之后,通过为账本创建一个新的数据块,将该交易添加到其他交易中

交易已完成

现有区块链

图 11.1　区块链技术工作原理图

区块链包含以下两个部分。

(1)交易。参与者在分布式系统中执行的任何操作。

(2)区块。此部分按顺序记录所有交易,并确保没有任何交易被篡改。这是通过使用时间戳来确定所有被添加到链中的交易的时间和地点。

当一个交易编辑请求或一个新的交易进入区块链时,参与区块链实施的大多数节点都会运行算法来验证和评估所考虑的每个区块链块的历史。如果大多数参与的节点认为历史和数字签名是有效的,分布式账本就可以接受新的交易区块,即一个新的区块被添加到交易链中。如果大多数参与节点不认为数字签名是真实的,那么,更改请求或添加请求将被拒绝和丢弃。因此,这种分布式共识模型允许区块链作为一个分布式账本,即它不需要一些中心机构来验证记录或交易。

区块链技术的 3 个关键特性是权力下放、不可变性以及透明性。

以往的中心化系统可以监视和记录系统中的所有交易,任何更改都由中心协调员发起。但是使用中心化系统的人可以在其他客户端不知情的情况下篡改各种交易的数据。对于金融机构来说,这可能导致严重的问题。区块链通过提供一个去中心化的系统来克服这个缺点,在这个系统中,交易链分布在参与的客户端或节点中。每当一个节点或一个客户端试图修改数据时,它就会通知参与该系统的所有其他客户端。如果没有区块链中大多数参与的客户端的同意,就不可能篡改数据。因此,去中心化成为区块链技术的一个关键特性。

区块链技术属性的“透明性”就有点不好理解了,因为它被认为是一个安全的系统。当然,该系统确实是安全的,并且所有涉及的交易和客户端的详细信息都以加密的形式存储。但是,如果有任何客户端试图访问或修改一个交易,所有参与的客户端都会得到警报,从而实现透明性。

区块链中的不可变性是确保数据一旦被添加到系统中就不可能被篡改的特性。与比特币和中心化系统等其他类似的技术相比,不可变性是区块链的独特特性之一。在区块链中不可变性是通过使用一些哈希加密函数来实现的。区块链可以被认为是一个链表,其中包括数据和哈希指针。哈希指针指向它的前一个区块,从而生成一个块链。哈希指针类似于链表中的指针,但它不仅保存前一个区块的地址,还保存链中存在的前一个区块内数据的哈希值。

区块链网络只是相互连接的节点的集合。区块链由 P2P 网络架构维持,在 P2P 模式中,没有单个的中心服务器。每个参与网络的系统都有同等的优先级。每个系统也都可以相互通信。在不同的实例中,同一个系统既可以作为客户端也可以作为服务器。因此,这将有多个分布式和去中心化的服务器。虽然系统使用的是 P2P 模式,但不会出现单点故障。

区块链中的节点可以分为以下几类。

(1) 轻客户端。拥有区块链浅复制的计算机系统。

(2) 全节点。拥有区块链完整副本的计算机系统。

(3) 挖矿。验证交易的计算机系统。

区块链技术的各种应用领域包括智能合约、众筹、供应链审计、市场预测、文件存储、物联网、身份管理、保护知识产权、反洗钱、所有权登记以及股票市场。

本章进一步关注区块链技术在物联网的系统中的应用范围。

11.1.1 物联网

互联网使信息技术领域发生了翻天覆地的变化,使通信变得更加容易。随着世界正在使用先进智能的设备,技术专家们提出了"物联网"的概念。物联网是一种部署在不同位置的网络化设备、传感器和执行器。各种组件之间的连接可以是有线或无线的。网络中的每个设备都有一个唯一的地址。互联网协议第 6 版(IPv6)协议用于同一用途,因为它可以寻址多达数百万个不同的设备。典型的物联网架构如图 11.2 所示。

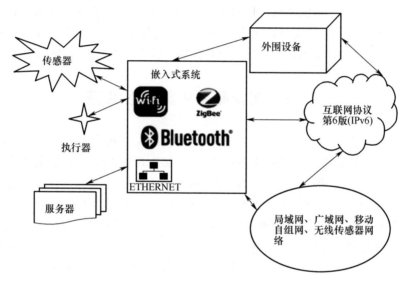

图 11.2 物联网的典型架构

物联网从根本上说是一组相互联网的设备和嵌入式物理组件。物理系统可以包括微处理器或微控制器。阿杜伊诺(Arduino)、英特尔伽利略(Intel Galeleo)和树莓派板(Raspberry PI Boards)就是类似的例子。不同种类的传感器被部署,以便收集实时数据。这些获取的数据被输入到中央协调器设备,中央协调器设备又相应地处理数据,并用连接的执行器来启动适当的操作。

物联网同时使用硬件和软件。除了硬件架构之外,它还使用了一类软件架构模式。物联网应用程序的各种标准化软件架构模式包括客户端–服务器(Lient-Server)、P2P、代表性状态转移(REST)和发布–订阅。不同物联网应用模式的选择标准主要基于异构性和安全性。

在数字世界中,物联网与远程控制具有很大的相关性。不过这些设备在本质上是异构的,所以这对在特定领域为物联网系统建模的设计者来说是一项艰巨的任务。设计基于物联网的系统的各种挑战如下。

(1) 异构设备的兼容性和互操作性。

(2) 设备识别和认证缺乏标准化。

(3) 物联网应用与物联网平台集成困难。

(4) 难以处理非结构化、无格式的数据。

(5) 确保设备之间的可靠连接。

(6) 信息安全和隐私问题。

物联网系统面临的一个关键挑战是如何确保信息和数据安全。许多物联网应用,如病人健康监测、结构安全监测(建筑物、水坝等)、天气预报、制造业和发电厂,都在处理着高度敏感的数据。对于物联网开发者来说,保证这些收集到的数据的隐私性和安全性是一项充满风险的任务。在这种情况下,区块链可以发挥很大的作用。在本章的下一节中,我们将讨论区块链技术在物联网应用中的集成。

11.2　在物联网中集成区块链

物联网正在改变和有效优化人工流程,以获取从各种实时系统中收集的大量数据。对这些被收集到的数据进行相应处理,提取所需的信息并得出结论。该模型应用于天气预报、股市预测、智能农业、病人健康监测等领域。云计算的概念为物联网系统提供了数据分析和数据处理等多种功能。物联网的这一前所未有的发展为访问和共享信息的新机制铺平了道路。但由于物联网系统的透明性,终端用户缺乏通过物联网系统共享敏感信息的信心。在大多数物联网应用中,网络参与者对通过网络共享的数据没有清晰的了解,因此采用了中心化架构。共享的信息看起来像一个黑匣子,用户不知道数据的真实性以及来源。下一节将讨论物联网中对区块链的需求。

由于物联网的分布式特性,每个节点都是可能被网络攻击者利用的故障点(如分布式拒绝服务攻击)。多个受感染设备同时工作的集成类节点可能导致系统崩溃。另一个关键问题是物联网环境中的中心云服务提供商的存在。这个中心节点的任何故障都可能导致应解决的漏洞。最关键的问题之一是数据认证和机密性。缺乏数据安全性的物联网设备可能被利用,并可能以不恰当的方式使用。由于现代商业模式的介入,系统可以自主地共享或交换数据/资源,因此对数据安全的需求至关重要。

物联网的另一个关键挑战是数据完整性,它在决策支持系统(DSS)领域有一些应用。从传感器收集的数据可用于生成适时的指令或决策。因此,当攻击者向系统中注入错误的度量或值时,必须保护系统免受注入攻击,不然这可能严重影响决策的准确性。可用性对于应用领域、制造工厂、自动化车辆网络和智能电网至关重要,在这些领域,实时数据将得到持续监控。在特定的时间间隔内丢失数据可能导致整个系统故障。集成公开验证审计跟踪的安全措施将有利于此类系统。这点可以通过集成区块链轻松实现。

事实证明,将物联网、云计算和区块链等各种技术集成到一个单一系统中是无与伦比的,因为它可以确保性能和安全。在物联网系统中实施区块链的概念是革命性的一步,因为它提供了可信的数据共享服务,其中的数据是可靠和可追踪的。生成的数据的来源可以在任何阶段被追溯,同时数据保持不变。

在智能城市和基于人工智能的智能汽车等领域,需要共享可靠的数据,以便在系统中加入新的节点(参与者),从而提高服务。因此,区块链的实现可以完善基于物联网的应用,从而提高可靠性并增强安全性。虽然物联网的功能可以借助区块链得到改善,但仍有大量的研究约束和问题有待解决。

11.3 通过区块链实现物联网安全应用

下面列出了区块链技术和物联网相结合的各种应用领域。

(1)供应链和物流。一个供应链网络系统涉及不同的利益相关者,如原材料供应商、经纪人、零售商等,还涉及多个付款收据和发票。供应链的持续时间可能会长达数月。由于存在多个利益相关者,延迟交付将是一个严峻的挑战。因此,公司正使用基于物联网的交通工具来跟踪现场位置和运输过程。虽然目前的供应链管理系统缺乏透明性和数据安全性,但可以引入区块链以增强网络的可追溯性和可靠性。将通过传感器收集的信息存储在区块链中。各种物联网传感器,如被动式红外探测器(PIR)运动传感器、全球定位系统(GPS)跟踪器、射频识别(RFID)芯片和温度传感器,从物流交通工具/物流收集信息,并提供有关装运状态的准确细节。传感器信息随后被存储在区块链中,所有新操作都被记录为交易。因此,利益相关者不再可能篡改或修改数据,从而使供应链系统变得透明和可信。

(2)智能家居。大多数智能家居应用程序,如入侵检测系统、对房间的真实性访问、设备和系统的远程控制,都需要生物识别、面部识别、语音识别等个人信息。这些存储在典型的中心数据存储中的数据都容易受到安全威胁,因此可以通过使用区块链的概念来解决。

(3)汽车行业。汽车行业开始使用物联网的概念来用某种电子钱包或比特币在停车场智能停车。车辆停在特定位置的时间会被自动估计,并从电子钱包中远程扣除近似的费用。在这一过程中,集成区块链技术可能会加强终端用户的信任。

(4)医药行业。医药行业的假药问题急剧增加。制药公司负责在全球范围内制造、开发和分销药品,因此,跟踪药品的整个装运过程并非易事。区块链技术的可追踪性和透明性特征可用于远程监控药品从产地到目的地的运输。存储在分布式账本中的数据有时间戳,并由不同的参与方进行记录。

(5) 农业。通过区块链,农民可以在农田里部署各种传感器。传感器获取的数据由农民、买家等监控。所有数据以块的形式表示,并存储在农民、买家和消费者之间。通过监测数据,农民可以采取适当措施提高产量,而供应商和消费者可以根据数据分析决定是否购买该作物。

除了这些领域,集成物联网-区块链系统还用于股票市场、土地登记流程、在线车辆跟踪和收费亭管理等。下一节将讨论实现这些概念所面临的各种挑战。

11.4　集成区块链与物联网面临的挑战

(1) 资源限制。大多数可用的物联网平台的计算和通信资源有限。区块链系统需要大量的内存和存储资源才能有效执行。内存有限的低功耗物联网设备无法承受需要 10 亿字节(GB)内存的重量级区块链技术。

(2) 带宽要求。区块链平台必须与共识过程中的其他参与者持续互动。由于共识过程的去中心化模式,链网络中的平台可以交换区块链的信息,以验证和创建新节点。物联网架构中的终端设备通常具有有限的带宽。因此,这种处理在终端设备层并不容易,从而导致区块链实现变得困难。

(3) 安全性。虽然区块链采用去中心化架构,但物联网系统中的所有设备都可以通过预定义的协议进行通信和协调。因此,物联网设备持续参与区块链是很重要的,否则,可能导致设备很容易受到威胁、遇到安全问题。

(4) 延迟需求。物联网应用主要包括一组数据的生产者和消费者。在某些情况下,数据消费者可能会发起一些操作。然而,这可能被视为区块链系统中的某种篡改。因此,区块链技术的引入可能会限制数据消费者发起此类行动的自由,所以它不能应用于时效性的物联网应用。

11.5　在物联网中使用区块链的优势

(1) 智能设备和第三方之间的信任得到增强和保证。

(2) 更经济的工业和商业应用。

(3) 交易处理时间可以被缩短。

(4) 改善了数据一致性。

(5) 加强网络安全。

11.6　物联网及区块链的相关工作

已有许多研究人员利用了在物联网中集成区块链的优势。确保物联网设备之间交换的数据安全是所有物联网服务提供商面临的关键挑战。虽然存在各种安全措施,但物联网需要一种轻量级的安全模型来确保数据的完整性和安全性。

吉姆(Kim)等提出了一种保护家庭和商业应用中使用的物联网设备的分类法。他们对分布式物联网架构中共享的数据进行加密,并使用智能合约来确保数据的完整性。他们用家庭自动化系统验证了他们的系统。他们的实验结果证明,借助区块链可以避免中间人攻击、数据窃取等各种安全威胁。

法克利(Fakhri)等提出了一个有区块链技术和没有区块链技术的智能冰箱系统的比较模型。他们发起了显式嗅探攻击来证明他们模型的有效性。实验结果表明,区块链在物联网系统中比传统的安全措施更具优势。他们观察了加密算法和使用的哈希函数的雪崩效应。消息队列遥测传输(MQTT)也用作无物联网应用的软件模式。

奥斯卡·诺沃(Oscar Novo)提出了在物联网中集成区块链的详细而明确的实施方案。这种轻量级、透明和可扩展的模型利用区块链的优势在利益相关者之间引入了一种新的访问控制策略。物联网引入了一个名为管理中心的节点来存储各种分布式智能合约信息。他们在以太坊(Ethereum)的帮助下实现了他们的模型,而以太坊是最流行的区块链平台之一。

平(Pin)等提出了一种基于区块链的发布-订阅物联网模型。该模型主要关注中心化的物联网系统,其中所有数据都存储在一个单点上。此节点的故障可能导致整个系统的故障。利用区块链技术可以保证这类系统的数据完整性。他们实现了一个轻量级的、基于原始密钥的算法来保证数据的安全性。他们在以太坊平台的帮助下验证了他们的模型。

维利亚史特维特(Viriyasitavat)等提出了一种基于区块链的服务来处理物联网中的操作。他们的模型声称区块链可以用于实现各种服务的互操作性。它们将面向服务架构(SoA)、区块链技术(BCT)和各种关键绩效指标(KPI)集成在一起,解决了物联网系统中的信任问题和互操作性挑战。

多库(Doku)等提出了一种名为光链(Lightchain)的物联网专用区块链架构。工作量证明(PoW)机制最初用于验证交易。但是,解决 PoW 难题所需的计算任务和工作量非常高,这在物联网这样的轻量级体系结构中是不可承受的。PoW 解谜工作分布在物联网系统的各个节点上,从而大大降低了单个节点的开销,提高了系统的整体性能和安全性。

潘(Pan)等提出了一种基于边缘计算的物联网架构,称为边链(Edgechain)。

该架构结合了区块链技术。物联网架构的中心节点被排除在区块链技术的计算开销之外。所有这些操作都是在基于边缘的云池中执行的,这使得体系结构更加轻量。因此,它可以确保数据安全性、完整性、可扩展性、互操作性和增强性能等特性。

11.7 小　结

区块链是一种具有广阔前景的技术,它可以确保终端用户的数据安全性和可信性。虽然物联网几乎融入了人类生活的方方面面,但个人数据的安全仍是每个终端用户最关心的问题。虽然物联网采用轻量级架构,但要使用强大的安全算法来防止数据窃取并不容易。在这种情况下,区块链通过提供一种轻量级去中心化、分布式架构来保护数据,从而拯救物联网应用。边链和光链的实现证明了区块链和物联网在未来几年的计算机技术中还可以走得更远。

参 考 文 献

1. Blockgeeks. [Online]. 2019, May. https://blockgeeks.com/guides/what-is-blockchain-technology/.

2. Vijay Madisetti, Arshdeep Bahga, *Internet of Things: A Hands on Approach*. Universities Press, First edition, 2015.

3. Prasanna Mani, Pramod Mathew Jacob, "A Reference Model for Testing Internet of Things Based Applications," *Journal of Engineering, Science and Technology (JESTEC*, vol. 13, no. 8, pp. 2504–2519, 2018.

4. Prasanna Mani, Pramod Mathew Jacob, "Software Architecture Pattern Selection Model for Internet of Things Based Systems," *IET Software*, vol. 12, no. 5, pp. 390–396, October 2018.

5. Cristian Martín, Jaime Chen, Enrique Soler, Manuel Díaz, Ana Reyna, "On Blockchain and Its Integration with IoT. Challenges and Opportunities," *Future Generation Computer Systems*, vol. 88, pp. 173–190, November 2018.

6. M. Singh, A. Singh, S. Kim, "Blockchain: A Game Changer for Securing IoT Data," In *2018 IEEE 4th World Forum on Internet of Things (WF-IoT)*, Singapore, pp. 51–55, 2018.

7. D. Fakhri, K. Mutijarsa, "Secure IoT Communication Using Blockchain Technology," In *2018 International Symposium on Electronics and Smart Devices (ISESD)*, Bandung, pp. 1–6, 2018.

8. O. Novo, "Blockchain Meets IoT: An Architecture for Scalable Access Management in IoT," *IEEE Internet of Things Journal*, vol. 5, no. 2, pp. 1184–1195, April 2018.

9. L. Wang, H. Zhu, W. Deng, L. Gu P. Lv, "An IoT-Oriented Privacy-Preserving Publish/Subscribe Model Over Blockchains," *IEEE Access*, vol. 7, pp. 41309–41314,

2019.

10. L. Da Xu, Z. Bi, A. Sapsomboon, W. Viriyasitavat, "New Blockchain-Based Architecture for Service Interoperations in Internet of Things," *IEEE Transactions on Computational Social Systems*, vol. 6, no. 4, pp. 739–748, August 2019.

11. D. B. Rawat, M. Garuba, L. Njilla, R. Doku, "LightChain: On the Lightweight Blockchain for the Internet-of-Things," In *2019 IEEE International Conference on Smart Computing (SMARTCOMP)*, Washington, DC, USA, pp. 444–448, 2019.

12. J. Wang, A. Hester, I. Alqerm, Y. Liu, Y. Zhao, J. Pan, "EdgeChain: An Edge-IoT Framework and Prototype Based on Blockchain and Smart Contracts," *IEEE Internet of Things Journal*, vol. 6, no. 3, pp. 4719–4732, June 2019.

第 12 章 比特币与犯罪行为

M. Vivek Anand, T. Poongodi, Kavita Saini

12.1 引　　言

互联网是一个数据仓库,其内容十分丰富,浏览器提供从互联网检索数据的服务。尽管互联网上的数据非常庞大,但是大多数浏览器对数据的检索都被降维。只有5%的数据是从可索引的互联网中检索的。即使谷歌这样的搜索引擎有大量的数据,但由于未对它们进行索引,所有的数据并不能都被检索到。从互联网上检索的信息会被编入索引,称为表层网络。剩下的95%称为深网,深网上4%的高度机密信息称为暗网。深网包含像银行信息、脸书网(Facebook)私人信息等机密数据,这些不应该对世界上所有的人都可见。犯罪分子利用比特币作为交易货币,进入暗网进行犯罪活动。隐形网计划(I2P)、自由网(Freenet)和洋葱浏览器可访问普通浏览器无法访问的暗网。这些项目原先并未为恶意访问而创建,其旨在提供匿名性并保护私人数据不受互联网侵害,通过在互联网上隐藏用户的身份来保护数据,但这也会导致相关的犯罪活动。洋葱浏览器用于匿名,它也称为洋葱路由。

12.1.1 背景

1998年,美国海军研究实验室开发了一种洋葱路由技术。2002年9月20日,洋葱浏览器公开发布并供互联网使用。对于谷歌这样的普通浏览器,请求的数据被发送到互联网服务提供商和域名系统,在那里它将通过IP地址进行验证。互联网上的每个网站都有一个访问该网站的IP地址,域名系统会提供以下服务:根据要求将网站地址更改为IP地址,反之作为响应也可将IP地址更改为网站地址。

洋葱浏览器提供匿名的途径,因为搜索细节不为互联网服务提供商所知。互联网服务提供商只知道当前正在访问哪个浏览器,但不知道访问了什么内容。洋葱浏览器通过洋葱网络中已连接的节点传输数据,节点中的数据中继会根据不同的节点区位通过不同的位置,由于HTTP未加密,洋葱浏览器通过HTTP加载服务提供加密数据。尽管洋葱路由提供了匿名性并保护了私人数据,但由于匿名性,犯罪活动不降反升。犯罪分子利用洋葱浏览器进行非法活动,如出售枪支、毒品等。

172

杀手网络(Hitman Network)是一个用于犯罪活动的网站(如通过金钱交易来出售毒品)。由于银行转账会给那些从事以金钱交换为主的犯罪活动的犯罪分子带来问题,他们更倾向于使用加密货币进行匿名交易。加密货币有一种加密机制来保护资金免受黑客攻击。比特币是基于区块链网络的第一种加密货币,是一个拥有所有交易细节的分布式账本,加密货币网络不通过银行等第三方即可完成交易。比特币由中本聪(Satoshi Nakamoto)创造,他是第一个进入区块链网络的人。在银行业务中,交易银行将作为可信任的第三方,管理网络上的所有交易,因此依赖可信任的第三方对银行交易至关重要。如果银行被抢劫或者银行数据库被黑客攻击,将会导致局面失控。为了避免第三方信任存在的问题,加密货币应运而生。

12.1.2　比特币介绍

加密货币由中本聪于 2008 年推出,在 2009 年作为开源软件引入,是构成数字或加密货币的技术集合。这种加密货币的单位称为比特币。比特币使用区块链的概念来避免交易中的双花问题(Double-spending Problem),用于在比特币网络的所有参与者之间存储和传输价值。比特币是一种点对点(P2P)技术,不受任何中央机构或银行的管理。与传统货币不同,比特币是完全安全和虚拟的。这里不存在实体货币,而是一种完全的虚拟货币系统。该系统由比特币协议运行,并以数学为基础,不像传统货币那样基于固定发行数量或法定货币。

12.1.3　比特币的功能

比特币有几个特点使其有别于法定货币。
(1) 由中本聪于 2008 年发布。
(2) 它是一种去中心化和分布式的安全数字货币。
(3) 设置容易和快速。
(4) 匿名且完全透明。
(5) 交易不可逆转。
(6) 为所有参与者提供分布式交易日志。

比特币协议的基础是一个点对点系统(图 12.1),这意味着不需要第三方。因此,它不是由一个中央权威机构控制的,而是由一个任何人都可以加入的社区创建的。

比特币协议将在网络中发生的每笔交易细节存储在一个巨大的总账(区块链)中。比特币被存储在具有数字凭证的钱包里,该凭证可用于保存比特币资产,让人能够访问它们。钱包使用公开密钥加密,其中有两个密钥:一个是公钥;另一个是私钥。公钥可以被认为是账号或名称,私钥则是一种所有权凭证。

当下一个所有者提供一个公钥,而前一个所有者使用他的私钥向系统发布一个记录,宣布所有权已经更改为新的公钥时,比特币就会转移到下一个所有者。与银行交易不同,比特币在国家或国际层面上不收取任何转账费用。比特币通过验证方式将每笔交易添加到区块链中,以确保交易的输入之前没有被花费,从而防止出现双花问题。

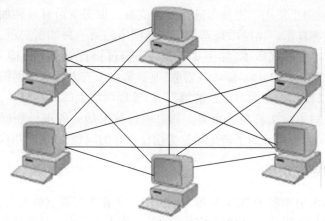

图 12.1　点对点组网

12.1.4　区块链与比特币

区块链是比特币背后的技术。比特币是数字货币,区块链是记录谁拥有数字代币的账本。没有区块链就不能有比特币,但没有比特币可以有区块链。其他著名的加密货币还包括以太坊(Ethereum)、比特币现金(Bitcoin Cash)、瑞波币(Ripple)和莱特币(Litecoin)。

12.1.5　比特币安全

图 12.2 显示了比特币的安全性。比特币最大的挑战是检查身份验证、完整性、可用性和保密性。所有这些挑战都会顺利解决。

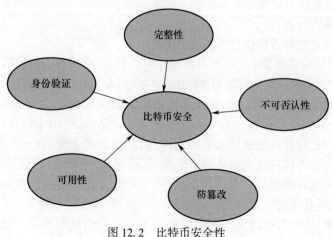

图 12.2　比特币安全性

174

（1）身份验证。公钥加密：数字签名。

（2）完整性。数字签名和哈希加密。

（3）可用性。向点对点网络广播消息；机密性——伪匿名。

在公钥加密（图12.3）机制下，加密使用公钥和私钥。公钥加密或数字签名用于确保其安全性。先使用哈希加密创建消息摘要，再使用私钥加密消息摘要。

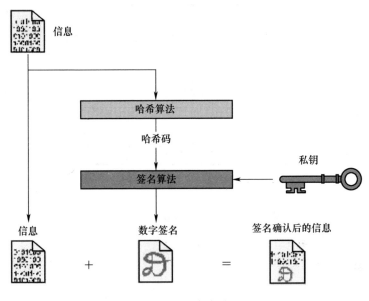

图 12.3　公钥加密

12.1.6　比特币交易

比特币系统最重要的部分是交易行为。交易基本上是对比特币系统参与者之间的价值转移进行编码的数据结构，它确保了交易可以在网络上创建和广播。一旦在网络上传播，它们将在验证后被添加到全球交易总账（区块链）中。

12.1.7　交易生命周期

交易生命周期涉及各种活动（图12.4），包括从起源到被记录在区块链上。最初起源基本上是交易的创建。一旦它被创建，就必须签名并授权使用交易所引用的资金。交易被授权后，它将被广播到网络进行验证。最后，交易由一个挖掘节点验证，并包含于一个记录在链的交易区块之中。

（1）创建交易。

（2）网络广播。

（3）验证多个节点的交易。

（4）传播。

（5）添加到区块链。

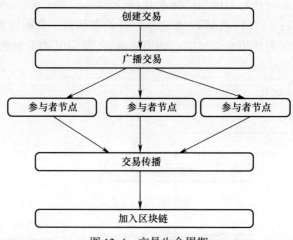

图 12.4　交易生命周期

交易的创建包括输入、输出、签名和金额。

网络广播是指将交易发送到相邻节点。

验证交易在此阶段起着非常重要的作用,因为许多节点或参与者在此阶段验证交易。

如果交易有效,则将其添加到区块链中并传播到整个网络。

比特币交易将通过发送电子支付进行。交易是区块链系统的微小组成部分(图 12.5),它们由发送方地址、接收方地址和类似普通信用卡交易中的区块组成。

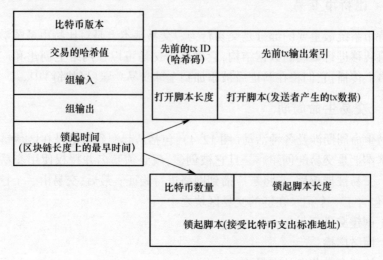

图 12.5　比特币交易中的字段

176

比特币交易将比特币从一个用户的钱包转移到另一个用户的钱包,并且这些比特币被视为交易媒介,这在交易链中极其重要。目的地址(比特币地址)是通过使用用户的公钥执行哈希操作获得的。比特币中每个用户都可以通过生成多个公钥来拥有多个地址,这些地址可以与用户的钱包相关联。拥有的比特币可以通过使用用户私钥进行数字签名交易。此外,强烈建议每笔交易使用不同的比特币地址。

比特币交易(图 12.6)将通过一组被称为"矿工"的网络节点验证其正确性、完整性和真实性。

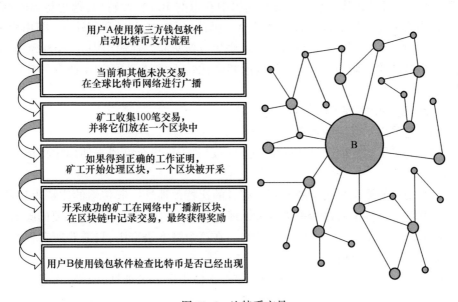

图 12.6 比特币交易

矿工们将一些交易收集为一个单元(队列中等待处理的"区块")。在完成验证和挖掘过程后,一个区块将在整个网络中广播以获得"奖励"。在公共总账中更新开采的区块之前,它将由网络中的大多数矿工进行验证。当矿工成功将其添加到区块链中时,他们将获得奖励。

以下介绍比特币系统中必不可少的技术组件的重要特征。

交易输入包括:

(1)指向先前交易的哈希指针(包含输出的标识符),该交易被用作当前交易的输入;

(2)一个索引,指定可以在当前交易中应用"未使用过的交易输出(UTXO)";

(3)解锁脚本的长度;

(4)解锁脚本(满足与 UTXO 相关的条件)。

交易输出包括:

（1）被转移的比特币数量；

（2）锁定脚本的长度；

（3）锁定脚本（在使用 UTXO 之前应该满足条件）。

可以使用相应用户的公钥对每笔交易输入进行授权，并使用私钥创建加密签名。可以累加单个交易中列出的先前交易的输入值，总和用于当前交易的输出。在比特币中，前一笔交易的输出被用作当前交易的输入；通常比特币的价值可能高于用户想要支付的价格。在这种情况下，发送者创建一个新的比特币地址来取回差额。例如，用户 B 从先前任何交易输出中获得的 100 枚比特币，他想将 10 枚比特币作为当前交易的输入转移给用户 A。因此，用户 B 必须利用输入（即用户 B 收到 10 个硬币的输出）和另外两个输出来生成新交易。在输出中，一个显示有 10 枚比特币被转移到用户 A，另一个显示剩余比特币转移到用户 B 拥有的任何钱包中。

因此，比特币实现了两个目标。

（1）它采用了改变的理念。

（2）通过了解先前交易的输出，可以确定关于用户余额或未使用比特币的详细信息。

每笔交易的输出都表示随着新所有者的比特币地址一起传输的比特币数量。比特币的输入和输出通过脚本语言来处理。在今天的市场上有两种主要的脚本。

（1）Pay-to-PubKeyHash（P2PKH）。在这个脚本语言中，只需要所有者的一个签名就可以授权支付。

（2）Pay-to-ScriptHash（P2SH）。该方案使用多签名地址；但是，它支持各种交易类型。

12.1.8　比特币架构概述

区块链是一个不变的数据库，所有的比特币交易记录都按照时间顺序存储。由于在每个区块创建中使用了哈希技术，因此无法篡改数据。区块链中相互连接的计算机系统遵守共享数据，并同意对其施加某些限制条件。最初，比特币是作为一个大规模的区块链实现的。如今与其他区块链相比，比特币的区块链相对"简单"。不同区块链项目的想法正在迅速发展。然而，比特币的架构组件是数字签名、区块链、分布式网络和挖矿。数字签名是一种由用户私钥创建的非对称加密技术，用于确保相应的比特币地址。比特币也称为加密货币，因为数字签名本身是一种加密技术。

区块链是一个去中心化、共享和分布式的状态机制，区块链中的所有节点将独立保存它们自己的副本。当前已知的"状态"依赖于每个交易处理。因此，比特币是一款节点使用点对点网络进行通信去中心化的电子货币。它采用概率分布式共识协议实现通信节点间的共识。中央银行维护一个集中的私人账簿,以验证流程并记录所有交易,而在比特币中,每个用户在区块链中维护自己的账簿副本。为了实现在区块链系统中提供一致的全局视图,在网络中许多节点上维护多个区块链副本,但因此也会出现漏洞。例如,用户 A 可以使用同一套比特币同时为用户 B 和用户 C 这两个不同的用户创建两个不同的交易。这种恶意行为称为双重支付(双花问题)。在这种情况下,如果两个接收方都独立处理交易,且交易验证过程成功,则会导致状态不一致。因此,比特币使用共识协议和工作量证明(POW,共识算法的底层逻辑)应满足以下要求。

(1)为了保证交易的正确性,可以将交易验证过程分配到矿工之间。

(2)成功处理的交易应该快速到达网络中的每个人,以确保区块链的状态一致。

在将交易添加到区块链之前,每个分布式交易流程都会检查大多数矿工是否有验证交易的真实性。如果区块链中有任何更新,则将更新所有节点中维护的本地副本,交易只有经过大多数矿工的同意才可达到正确的状态。尽管如此,这个系统仍很容易受到女巫(Sybil)的攻击。在这种类型的攻击中,矿工可以创建多个虚拟节点,这些节点将在网络中发送虚假信息作为增加对错误交易的投票权重,从而中断选举过程(击退网络上的真实节点)。针对比特币中的女巫攻击,对策是使用基于共识模型的 POW。矿工必须完成一些计算任务,以证明他们是真实实体。POW 为每个交易验证过程都强制执行高级别的计算成本,并且基于矿工的计算能力进行验证,毕竟伪造计算机资源比在网络中执行女巫攻击更难。

区块是通过收集未决交易而不是挖掘单个交易创建的。通过计算携带变化随机数的哈希值来挖掘一个区块。每次都取不同的随机值,直到哈希值小于或等于目标值。目标是一个 256 比特长度的数字,在所有矿工之间进行共享。计算所需的哈希值非常具有挑战性。比特币使用 SHA-256 计算哈希值,每次都使用不同的随机值来查找所需的哈希值直到获得解决方案。假如矿工已经为一个区块找到了正确的哈希值,该区块将立即与计算出来的哈希值以及随机数一起在网络上广播。其余的矿工可以快速验证其正确性,通过比较哈希值和目标值来接收区块,并通过添加新开采的区块来更新本地区块链。

一旦大多数矿工同意该区块为有效区块,该区块将被成功添加到区块链中。获得工作量证明解决方案的矿工将获得一组近期生成的比特币奖励。由于缺乏一个中央权威机构,奖励不能到达网络中的任何人。相反,奖励将在区块生成过程中给予,在此过程中,矿工为比特币地址插入一笔币仓库交易,这似乎是每个区块中的第一笔交易。一旦挖出的区块被其他节点认可,新插入的交易就会生效,矿工就会获得被奖励的比特币。

比特币网络通常不收交易费用,交易所有者仅提及比特币网络,而且每笔交易也各不相同。然而,交易费用在一定程度上的上升,阻碍了比特币的使用。如果区块奖励不存在,比特币可能因安全问题而被调查。

区块链是一个公共的、基于链表的数据结构,它以区块的形式跟踪整个交易历史,使用默克尔树(Merkle Tree)结构将本交易、上个交易的安全时间戳和哈希值存储在每个区块中。

12.1.8.1 添加新区块操作步骤

(1)一旦矿工确定了区块的有效哈希值,该区块就可以添加到用户的本地区块链中,并可以广播解决方案。

(2)如果接收到一个有效区块的解决方案,矿工将立即验证其有效性,如果发现解决方案是正确的,则由矿工更新本地副本,否则该区块将被丢弃。

对于采矿,单个家庭矿工使用专用的集成电路,在挖矿时单个块需要花费时间来验证,因此引入矿池。在池管理器的控制下,可以将一组矿工关联在一起挖掘特定的区块。一旦采矿成功,管理者根据每个矿工所消耗的资源数量向相关的矿工发放奖励。

12.2 共 识 协 议

为了保证不间断的提供持续服务,容错共识协议对于确保参与节点在交易上达成一致至关重要。矿工应该遵循共识协议中提到的规则集,在区块链中添加一个新的区块。基于工作量证明的共识算法。该算法遵循的主要规则如下。

(1)合理的输入和输出。

(2)未使用的输出只能在每个交易中使用。

(3)已花费的输入应具备有效的签名。

(4)在100个区块内没有使用(由矿工创建)的币仓库交易输出。

(5)在确认区块之前,在锁定时间内没有花费任何交易输入。

因此,由于共识模型,基于区块链的比特币被认为是强大和安全的。

小额支付渠道网络通过保持区块大小不变来解决可伸缩性问题。在这种情况下,双方之间建立支付渠道,双方可以代表未记录在区块链中的其他方进行支付。这种非区块链支付模式有助于更快地处理支付,并提出了一种跟踪两个实体之间汇款的方法。然而,这些支付渠道网络面临着关于用户隐私处理、并发支付和路由器的一系列挑战。

12.3　点对点网络

比特币系统遵循非结构化的点对点(P2P)网络通信结构,使用非加密的持久传输控制协议(TCP)连接。在非结构化的 P2P 网络中,对等点以平面或分层的方式随机排列,生存时间(Time-to-live,TTL)搜索、扩展环、随机游走被用于查找具有意向数据项的对等体。通常来说,非结构化覆盖网络是一种高度动态的网络拓扑结构,其中对等点可以频繁地加入和退出网络。这种类型的网络最适合比特币系统在区块链中传播信息并尽快达成共识。影子事件离散模拟器有助于在一台机器上模拟大规模比特币网络。

12.4　比特币在犯罪中的作用

区块链网络的伪匿名性使得犯罪分子可以利用比特币进行非法活动。比特币提供了一个隐藏的身份,在犯罪中起着至关重要的作用。犯罪分子利用加密货币进行交易,主要是因为其匿名性。尽管区块链通过其公开算法提供安全交易,犯罪分子仍通过比特币开展犯罪活动。犯罪分子利用网站通过比特币交易出售毒品和枪支,各种犯罪活动都是通过比特币交易进行的。由于比特币交易被用于犯罪活动,因此大多数国家会选择对其避而远之,政府如何打击这些犯罪活动将成为一个难题。

12.4.1　比特币交易所

比特币为洗钱交易提供了空间。比特币交易所主要目的是来兑换货币,一些流行的比特币交易所包括:

(1) 币安(Binance);

(2) B 网(Bittrex);

(3) 库币(KuCoin);

(4) 火币专版(Huobi Pro);

(5) 币盒子(Bibox);

(6) P 网(Poloniex);

(7) 比特梅克斯(Bitmex);

(8) GDAX(译者注:GDAX 是 Coinbase 旗下的全球数字资产交易所);

(9) 本土比特币(Local Bitcoins);

(10) 海妖(Kraken);

（11）比特戳（Bitstamp）。

比特币交易网站也可以兑换货币。以下是一些网站：

（1）Cex. io；

（2）CoinMama；

（3）Wirex；

（4）Bitit。

12.4.2　勒索软件

计算机病毒感染并锁定计算机、服务器或移动设备，且攻击者会要求赎金以恢复对设备的控制。2017 年 5 月的"想哭"（WannaCry）勒索软件攻击是由勒索病毒发起的全球性网络攻击，该病毒通过加密数据攻击运行微软 Windows 操作系统的电脑，并要求用比特币支付赎金。这类勒索软件攻击事件每年都在发生。

（1）2015 年，平均每天有 1000 名攻击者。

（2）2016 年，平均每天有 4000 名攻击者（与 2015 年相比增加了 300%）。

（3）2017 年，"想哭"勒索软件攻击了 150 个国家的 30 万台企业和政府计算机的文件，要求支付 300 美元比特币来解锁这些数据。

比特币的匿名性让用户可以隐藏自身面孔，而要找到真实身份并不容易。当我们进行交易时，像美元这样的数字货币可以很容易地跟踪，因为它具有像银行一样的中央管理机构，但在区块链概念下，比特币不依赖于任何像银行这样的中央管理机构，而是提供了一个去中心化的网络，在这个网络中，没有人能完全控制自己的资金。尽管用户可以掌握钱包，但跟踪交易也不是一件容易的任务，因为分类账只有地址作为一个公钥，例如：

（1）1bvbmseystwetqtfn5au4m4gfg7xjanvn2；

（2）3j98t1wpez73cnmqviecrnyiwrnqrhwnly。

在比特币网络中，拒绝服务攻击（Denial-of-service Attacks）是可能发生的。篡改比特币交易还需要超过 90% 的用户批准，这在实时情况下是极不可能的。在俄罗斯，一笔勒索软件支付的款项被追踪到保加利亚的一个账户，但这个账户被分成了位于俄罗斯不同城市的 12 个账户，其指挥控制机构位于德国的某个地方。因为没有具体地址的发行机构，你可以创建任意数量的比特币地址，并且交易的地址生成不会受到任何环境问题的影响。

12.4.3　逃税

税收对于在安全区域经济运行良好的政府而言非常重要。当今，偷漏税现象在世界各地都在发生，但政府可以识别并采取必要的行动来反偷漏税。比特币提供了一种逃税的方式，因为这些钱可以很容易地被交换者兑换并被洗成白钱。另一个问题在于政府和税务机构的指导方针不够明确。即使在美国,围绕比特币的税收问题也存在很多不确定的地方。因此,需要对比特币网络和他们的交易进行调查,以确定比特币开展的税收。必须通过检查非法交易以使目标用户能够找到违法行为,但在比特币区块链中是非常困难的。如果有可能追踪到可疑用户,政府当局将有权处理逃税问题。

比特币交易所处理的金额十分巨大,交易额超过数十亿美元。如果当局和交易所之间存在合作关系,就没有必要关闭比特币交易。如果可以获得关于比特币非法交易和用户设备地址的所有信息,就需要进行一项完整的研究,以查明钱包中是否有任何变化。网站上关于比特币钱包的现有信息只受手机或移动系统上的设备兼容性影响,因此从比特币钱包(用户可能基于用户名和密码登录的地方)中捕获人工产物需要可行的策略。

2015年,美国估计有280万人拥有加密货币,但只有807人在2015年纳税时报告比特币。美国国税局将加密货币定义为一种财产,而不是一种货币,这意味着,纳税人必须在8949报表上报告其收益和损失。尽管美国国税局对这种加密货币有指导方针,但有些人可能不知晓或不理解这些规则。36%的比特币投资者表示,他们不会在2017年纳税时报告加密货币的资本获利或亏损。2015年,美国只有807人完成了有关加密货币的报税手续,这在美国拥有区块链账户的280万人中是一个非常低的数字。造成偷漏税的原因有以下几方面。

(1)未命名的虚拟钱包会产生匿名性。

(2)公钥和私钥的混合使用使得追踪非法交易变得困难。

(3)去中心化式系统允许安全的跨境支付。

(4)暗网是深层网络的一个隐藏部分,相关非法活动较为猖獗。

12.5 比特币犯罪的黑暗面

12.5.1 暗网

互联网是一个数据仓库,其中的内容十分丰富,浏览器提供从互联网检索数据的服务。尽管互联网上的数据非常庞大,但是从大多数浏览器中检索数据的规模却被最小化了。只有5%的数据是从被索引的互联网中检索的。尽管像谷歌这样的搜索引擎拥有大量的数据,但由于未对它们进行索引,因此无法检索所有数据。从互联网上检索到的信息被编入索引,被称为表面网络。剩下的95%被称为深网。深网中百分之四的高度机密信息被称为暗网。深层网络包含像银行信息、Facebook私人信息等机密数据,这些不应该对世界上所有的人可见。

犯罪分子正在利用比特币作为交易货币进入暗网进行犯罪活动。隐形网计划

（I2P）、自由网（Freenet）和洋葱浏览器提供了普通浏览器无法访问的深层网络访问通道。隐形网计划、自由网（和洋葱软件不是为恶意访问而创建的。创建它的目的是提供匿名性和保护私人数据不受互联网的侵害，通过将用户身份隐藏在互联网上，匿名性保护了互联网络上的数据，但这也导致了犯罪活动。洋葱浏览器可用于实现匿名，它也被称为洋葱路由。

图 12.7 显示了 2011 年至 2018 年暗网市场中的比特币流量。

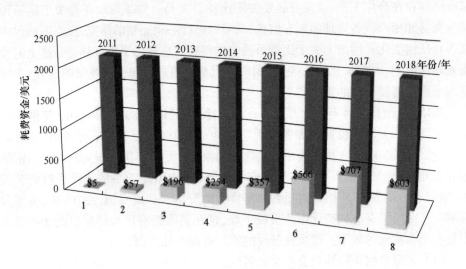

图 12.7　以美元计算的比特币在暗网市场的流量

12.5.2　洋葱浏览器

洋葱浏览器 Tor 是 The Onion Router 的缩写，之所以如此命名，是因为它采用了分层加密技术。密码无政府主义（Crypto-anarchism）和洋葱路由是两个与地下网络相关联的活跃术语。洋葱最初是由美国海军创建于 21 世纪初，被许多机构用来传输和接收敏感信息。洋葱掩盖了用户的身份，允许他们以完全匿名方式浏览网页。不留下痕迹的转账并不总是那么容易，然而比特币提供了相关解决方案。

1998 年，美国海军研究实验室开发了洋葱路由技术。洋葱浏览器于 2002 年 9 月 20 日公开发布以供互联网使用。在类似谷歌这样的普通浏览器中，请求的数据被发送到互联网服务提供商和域名系统，并将通过 IP 地址进行验证。互联网上的每个网站地址都有一个访问互联网的 IP 地址。域名系统能够根据要求将网站地址更改为一个 IP 地址，并接受响应将 IP 地址改为网站地址。

洋葱浏览器提供了匿名性，因为互联网服务提供商不知道搜索细节。互联网服务提供商现在只知道哪个浏览器正在访问，但它不知道访问了什么内容。洋葱浏览器通过洋葱网络中已连接的节点传输数据,网络节点中数据的传播会通过不同的地方,因为节点遍布于世界各地的位置。由于 HTTP 不加密,洋葱浏览器通过 HTTPS 加载项提供加密数据。尽管洋葱路由可以提供匿名性并保护了私人数据,但正是由于匿名性,犯罪活动不断增加。犯罪分子利用洋葱浏览器来实施诸如枪支、毒品等非法贩卖活动。杀手网络(Hitman Network)就是一个通过金钱交易提供犯罪服务的网站,这种为犯罪活动而进行的货币交换在通过银行转账时会有问题。

　　暗网是犯罪分子用来开展非法行为活动的地方。一项调查显示,2016 年有 9.3% 的吸毒者通过暗网购买毒品,2013 年至 2016 年存在 97.4% 采用比特币的非法活动源自暗网市场。犯罪分子通过像"丝绸之路"(Silk Road)这样的黑市网站出售非法毒品,其又称为"毒品的 eBay",具体包括:

（1）13000 种药物清单;

（2）1400 个供应商;

（3）交易额达到 12 亿美元,丝绸之路的创始人是罗斯·乌布利希(Ross Ulbricht)。

　　图 12.8 显示了在暗网购买毒品的人数。洋葱隐藏网络和比特币系统在许多

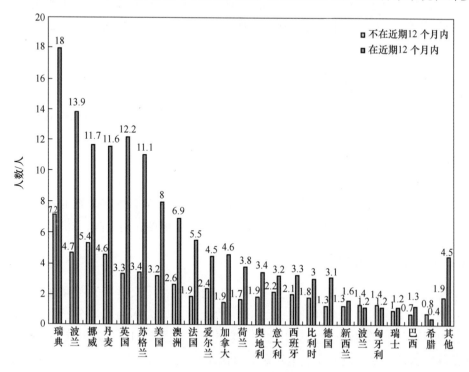

图 12.8　暗网市场购买药品情况

方面无疑是有用的,就网络犯罪领域而言扮演着至关重要的角色。区分合法和非法使用这些服务是一项艰巨的任务。与银行或金融系统相比,这也是比特币被犯罪企业青睐并用于执行洗钱计划的原因之一。比特币中嵌入的交易细节等数字足迹可以揭示其用户的信息。从2013年9月到2014年年初,加密锁(CryptoLocker)是一款勒索软件,它对受害者系统上的文件进行加密,并要求支付赎金以获得解密密钥。

黑市也十分关注比特币交易,如在深层网络毒品市场上使用比特币作为毒品交易的货币,暗杀协议服务也可在比特币系统上找到足迹,相关武器在黑市网站上能够获得。由于这种黑市交易的神秘性质和中央监管机构的缺失,很难从这个账户中知道哪些人在从事犯罪活动。"丝绸之路"是被美国执法部门关闭的几个暗网黑市之一,该网站创始人罗斯·乌布利希(Ross Ulbricht)于2015年被判处终身监禁。

12.5.3 洗钱

洗钱是指将非法所得或赃款放在合法的金融系统中与合法交易同时进行,从而使其看似较为合法化的行为。在欧洲,有3%~4%的犯罪收益通过加密货币进行洗钱,据估计,2016年被洗钱的比特币价值高达40亿~50亿美元。

(1) 在多业务中占比达3.84%。

(2) 加密货币兑换中占比为0.30%。

(3) 赌博中的占比为12.21%。

如果转账可以迅速高效且无法追踪,那么,非法在线投注就变得更加容易。

(1) 在ATM中为0.05%。

(2) 在Mixer虚拟货币洗钱方式中为24.20%。

(3) 在比特币交易所是59.40%。

(4) 2016年,比特币洗钱地点有56.65%在欧洲、36.44%在未知的司法管辖区、5.28%在北美、1.21%在亚洲、0.35%在大洋洲、0.07%在南美洲,非洲暂无。

12.5.4 诈骗和假货

比特币诈骗与比特币广告息息相关(如报价、比特币交易等),许多用户因为骗局而丢失了他们的资金和比特币。比特币正日益成为网络犯罪分子的主要工具,这种数字货币的两个主要吸引力在于它的伪匿名条款和不可逆的交易协议,这些条款在真正想要高效和安全地转账的合法用户,以及利用这些属性进行不可撤销和可能无法追踪的交易的网络犯罪分子之间产生了两份激励(图12.9)。

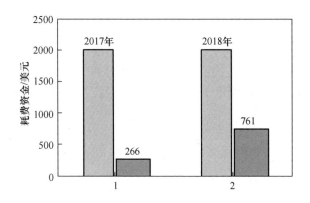

图 12.9 通过加密货币洗钱金额的变化

12.6 对比特币犯罪的公开宣战

加密货币的匿名和去中心化特性为犯罪分子提供了在逃避起诉的同时进行非法活动的机会。国际执法界负责有关加密货币的调查案件,他们每月从国际刑警组织接收案件。加密货币在暗网市场广泛用于接收非法服务的付款,如分布式阻断服务、恶意软件、僵尸网络,以及购买非法产品(包括武器、毒品和伪造或窃取的文件)。丝绸之路、阿尔法港(AlphaBay)和汉莎网(Hansa)之类的暗网市场赚得盆满钵满,在 2015 年 9 月至 2016 年 12 月期间总利润达到了 300 万美元。这些网站为被盗文物、毒品和枪支等非法产品的交易提供了便利,如把钱汇到受到严格金融审查或禁运的地区,并公开为他们的活动集资。

洗钱也是加密货币的一个问题,如何解决这些问题是执法部门面临的一个重大挑战。大量犯罪分子正在宣传加密货币交易所或首次代币发行,目的是通过洗钱获得非法利润。像 OK 币(OK Coin)这样的比特币交易所已有数十万美元被洗白,还有一个比特币交易所 BitInstant 为丝绸之路网的客户洗白了超过 100 万美元。加密货币推进了勒索软件等不同恶意软件系列的运营,勒索软件加密锁和加密墙(Crypto Wall)分别收到 133045.9961 个比特币和 87897.8510 个比特币,詹金斯矿工(Jenkins Miner)为其运营商赚取了价值超过 300 万美元的门罗币(Monero),以及特洛伊木马程序如加密洗牌机(Crypto Shuffler),它们以易失性内存的内容即剪贴板为目标窃取了数十万美元。

在这里,执法机构面临的最大挑战是区块链不可改变的本质,它不允许删除嵌入的非法内容。加密货币被用于支持民族/国家层面的攻击,因为世界各地的许多国家都受到现代融合战争策略的高度影响。

12.6.1 执法和刑事战略

比特币与多种犯罪类型有关,如毒品、枪支、洗钱、恐怖主义和儿童剥削。包括国际刑警组织(INTERPOL)在内的国际执法机构已经开始专注于掌握区块链发展情况,为此已分配了大量资源用于探索犯罪分子对比特币的使用以及开发追踪比特币交易的分析工具。在监管层面存在两种不同的思想流派:第一种认为比特币是一种威胁;第二种认为比特币是一种研究机会。

第一个流派认为比特币是一种颠覆性的事物,可以让犯罪分子在缺乏监管的情况下便利地开展非法活动,因此呼吁禁止比特币。但另一派则将加密货币视为一个调查机会,因为现在与犯罪相关的信息在区块链中被公开和永久索引,可用以分析并提取可导致归因和起诉的有价值的法律证据数据。

目前,业界和包括国际刑警组织在内的各种执法机构都做出了巨大努力,开发用于分析比特币等各种加密货币的法律证据开发工具和方法。尽管存在更多匿名的加密货币,对比特币交易分析的广泛关注仍可以归因于大量与之相关的刑事案件。正因为比特币的市场价值及其被市场的广泛采用,所以在推动刑事案件的数量和趋势方面起到一定的促进作用。尽管比特币被犯罪分子广泛使用,但最近一些分析工具的成功案例让警方调查人员得以对部分比特币网络进行去匿名化,并披露犯罪分子的身份,这导致加密货币的使用发生转变。越来越多的犯罪分子只把比特币作为(货币)结算起点/终点。

执法机构认为,由于加密货币匿名性增强,因此具有极高的破坏力,这使它们成为犯罪分子的有效武器。例如,达世币(Dash)和零币(Zcash)让用户能够保持他们的活动历史记录和余额隐私,这最终限制了执法调查人员的识别和跟踪可疑交易。同样,门罗币(Monero)使用环签名、环保密交易和秘密地址来混淆交易的来源、金额与目的地。

临界点(Verge)是另一种匿名加密货币,它利用幽灵协议让用户能够在公共和私人账本之间切换。当幽灵协议被打开时,交易数据就被隐藏。最后,名币(Namecoin)不具有与上述加密货币相同的匿名特性,但由于其功能允许犯罪分子匿名注册非法网站而无须提供任何个人信息,因此仍被认为对警察存在潜在威胁。作为额外的保护层,许多犯罪分子使用加密搅拌/翻滚(Mixer/Tumbler,比特币集中混淆币)服务或去中心化的点对点交易市场来“清理”他们的“污点”比特币,这使得警方调查人员越来越难以跟踪他们的交易。

为了打击加密货币的非法使用,执法部门现在正专注于发展先进的解决方案,以追踪与犯罪有关的交易。警察机构致力于开发用于分析各种计算的法律证据工具。执法机构必须与当前的技术水平共同发展,识别并阻止与加密货币相关的在线犯罪活动。www.computer.org/security 93 用于识别加密货币相关设备,如钱包

188

和加密货币哈希,包括用于识别加密货币交易中搅拌/翻滚所使用的指纹工具,用于聚集属于同一犯罪行为者的地址,更好地提出聚类解决方案,以及支持不同区块链中的可疑交易关联的跨账本追踪工具。

除了国家层面的执法工作,国际刑警组织还通过将来自不同国家的警察调查人员、研究人员和区块链开发人员聚集在一起,分享加密货币的最佳调查实践和取证工具的方式,使其在国际层面上发挥信息中心的作用。

国际刑警组织通过提供加密货币方面的高级实践培训,致力于发展其成员国的调查能力。国际刑警组织通过寻求与公共和私营部门(包括网络安全和加密分析公司)合作,努力发掘创新解决方案。

国际刑警组织于 2018 年 3 月首次成立国际暗网和加密货币工作组,进一步推动了关于加密货币相关犯罪的警务解决方案的讨论,并将加密货币加速币(Altcoins)和交叉账本调查确定为执法方面的最大挑战。

12.7　小　　结

尽管国际执法部门面临众多挑战,也面临有关加密货币的大量调查,但问题仍与日俱增。由于加密货币在投资和创新领域的广泛使用,区块链将继续存在。可以预期,在不久的将来,它的许多特性将具备很强的适应能力,以克服诸如可扩展性等关键的技术缺陷,但用于非法活动的情况也会继续增加。执法机构必须与当前的技术水平共同发展,识别并阻止与加密货币相关的在线犯罪活动。为了更好地打击与加密货币相关的犯罪,应加深国际理解和搭建法律监管框架,使执法部门能够获取与犯罪相关的交易信息,并敦促加密货币市场和交易所执行强有力的客户身份识别(KYC)政策。该解决方案需要(用户)在没有犯罪活动的情况下访问比特币网络,以便未来使用加密货币的区块链顺利运行。

参 考 文 献

1. S. Nakamoto, "Bitcoin: A peer-to-peer electronic cash system," 2008, Available: http:// bitcoin.org/ bitcoin.pdf.

2. G. O. Karame, E. Androulaki, and S. Capkun, "Double-spending fast payments in bitcoin," In *Proceedings of the 2012 ACM Conference on Computer and Communications Security, ser. CCS '12.* New York, NY, USA: ACM, 2012, pp. 906–917.

3. A. Maria, Z. Aviv, and V. Laurent, "Hijacking bitcoin: Routing attacks on cryptocurrencies," In *Security and Privacy (SP), 2017 IEEE Symposium on. IEEE*, 2017.

4. I. Eyal and E. G. Sirer, "Majority is not enough: Bitcoin miningis vulnerable," In *Financial Cryptography and Data Security: 18th International Conference.* Berlin

Heidelberg: Springer, 2014, pp. 436–454.

5. J. Bonneau, A. Miller, J. Clark, A. Narayanan, J. A. Kroll, and E. W. Felten, "Sok: Research perspectives and challenges for bitcoin and cryptocurrencies," In *2015 IEEE Symposium on Security and Privacy*, May 2015, pp. 104–121.

6. F. Tschorsch and B. Scheuermann, "Bitcoin and beyond: A technical survey on decentralized digital currencies," *IEEE Communications Surveys Tutorials*, vol. 18, no. 3, pp. 2084–2123, 2016.

7. W. F. Slater, "Bitcoin: A current look at the worlds most popular, enigmatic and controversial digital cryptocurrency," In *A Presentation for Forensecure 2014*, April 2014.

8. M. Kiran and M. Stannett, "Bitcoin risk analysis," Dec. 2014, Available: http:// www .nemode.ac.uk/ wp-content/ uploads/ 2015/ 02/2015-Bit-Coin-risk-analysis.pdf.

9. B. Masooda, S. Beth, and B. Jeremiah, "What motivates people to use bitcoin?" In *Social Informatics: 8th International Conference, SocInfo 2016*. Springer International Publishing, 2016, pp. 347–367.

10. K. Krombholz, A. Judmayer, M. Gusenbauer, and E. Weippl, "The other side of the coin: User experiences with bitcoin security and privacy," In *Financial Cryptography and Data Security: 20th International Conference, FC 2016, Christ Church, Barbados*. Berlin Heidelberg: Springer, 2017, pp. 555–580.

11. G. O. Karame, E. Androulaki, M. Roeschlin, A. Gervais, and S. Capkun, "Misbehavior in bitcoin: A study of double-spending and accountability," *ACM Transactions on Information and System Security*, vol. 18, no. 1, May 2015.

12. J. Heusser, "Sat solvingan alternative to brute force bitcoin mining," 2013, Available: https:// jheusser.github.io/ 2013/ 02/ 03/ satcoin.html.

13. G. Wood, "Ethereum: A secure decentralised generalised transaction-ledger," yellow paper, 2015.

14. A. Kosba, A. Miller, E. Shi, Z. Wen, and C. Papamanthou, "Hawk: The blockchain model of cryptography and privacy-preserving smart contracts," In *IEEE Symposium on Security and Privacy*, May 2016, pp. 839–858.

15. M. Vasek, M. Thornton, and T. Moore, "Empirical analysis of denial-of-service attacks in the bitcoin ecosystem," In *Financial Cryptography and Data Security: FC 2014 Workshops, BITCOIN and WAHC 2014*. Berlin Heidelberg: Springer, 2014, pp. 57–71.

16. "Biometric tech secures bitcoin wallet," no. 6, 2015.

17. M. Spagnuolo, F. Maggi, and S. Zanero, "Bitiodine: Extracting intelli-gence from the bitcoin network," In *Financial Cryptography and Data Security: 18th International Conference, FC 2014*. Berlin Heidelberg: Springer, 2014, pp. 457–468.

18. S. Goldfeder, H. A. Kalodner, D. Reisman, and A. Narayanan, "When the cookie meets the blockchain: Privacy risks of web payments via cryptocurrencies," *CoRR*, 2017.

19. A. Biryukov and I. Pustogarov, "Bitcoin over tor isn't a good idea," In *2015 IEEE Symposium on Security and Privacy*, May 2015, pp. 122–134.

20. S. Barber, X. Boyen, E. Shi, and E. Uzun, "Bitter to better — how to make bitcoin a better currency," In *Financial Cryptography and Data Security: 16th International Conference, FC 2012*. Berlin Heidelberg: Springer, 2012, pp. 399–414.

21. J. Herrera-Joancomart´ı and C. Perez´-Sola, "Privacy in bitcoin transac-tions: New challenges from blockchain scalability solutions," In *Model-ing Decisions for Artificial Intelligence: 13th International Conference, MDAI 2016.* Springer International Publishing, 2016, pp. 26–44.